高等医学院校实验系列规划教材

细胞生物学
实验与习题指导

第4版

主　编　鲍明升　廖亚平

副主编　李姝婧　李蕾娜

编　委（以姓氏笔画为序）

付应霄(蚌埠医科大学)　白春雨(济宁医学院)
刘长青(蚌埠医科大学)　李　强(蚌埠医科大学)
李中文(蚌埠医科大学)　李姝婧(蚌埠医科大学)
李蕾娜(蚌埠医科大学)　陆涛峰(贵州中医药大学)
郝焕凤(蚌埠医科大学)　姜　雪(蚌埠医科大学)
唐宝定(蚌埠医科大学)　鲍明升(蚌埠医科大学)
廖亚平(蚌埠医科大学)　魏美丽(蚌埠医科大学)

中国科学技术大学出版社

内 容 简 介

本书分两个部分:第一部分为细胞生物学实验,共设 20 个实验。所选择的实验内容都是细胞生物学中最基本、最重要的技术和方法,涵盖了目前各高等学校细胞生物学实验教学中涉及的基本实验和核心技术。第二部分为《医学细胞生物学》习题及答案,目的是帮助学生进一步理解课堂内容和复习所学知识,方便学生检查所学内容。

本书主要面向高等医学院校生物学或生物技术专业和临床医学、检验、护理、影像、预防等本科专业细胞生物学和医学细胞生物学实验教学,以及医学细胞生物学课程辅导,也可作为相关实验人员的参考书。

图书在版编目(CIP)数据

细胞生物学实验与习题指导 / 鲍明升，廖亚平主编. -- 4 版. -- 合肥 ：中国科学技术大学出版社，2025. 7. -- ISBN 978-7-312-06253-7

Ⅰ. Q2-33

中国国家版本馆 CIP 数据核字第 20252LH940 号

细胞生物学实验与习题指导

XIBAO SHENGWUXUE SHIYAN YU XITI ZHIDAO

出版 中国科学技术大学出版社
安徽省合肥市金寨路 96 号,230026
http://press.ustc.edu.cn
https://zgkxjsdxcbs.tmall.com

印刷 安徽省瑞隆印务有限公司

发行 中国科学技术大学出版社

开本 710 mm×1000 mm 1/16

印张 11.5

字数 232 千

版次 2011 年 8 月第 1 版 2025 年 7 月第 4 版

印次 2025 年 7 月第 10 次印刷

定价 35.00 元

第4版前言

本书为高等医学院校实验系列规划教材《细胞生物学实验与习题指导》第4版。本书第1～3版由蚌埠医科大学鲍明升主编，第4版由鲍明升和廖亚平共同主编。党的二十大报告指出，要深化教育领域综合改革，加强教材建设和管理。为了适应学科的发展和普通高等医学院校细胞生物学实验教学要求，我们对本书进行了修订。

本次修订保持第3版教材的总体框架和原有特色不变。考虑到细胞生物学技术的进步以及实验教材的实用性和覆盖面，我们增加了部分实验内容，包括微丝的免疫荧光显色与观察，小鼠骨髓染色体标本制备及观察，细胞增殖和细胞毒性检测（CCK-8法），流式细胞术检测细胞周期，细胞凋亡诱导与检测。同时也对本书的第二部分——《医学细胞生物学》习题及答案进行修订，主要是修改或删除一些有歧义的题目，根据教学内容的更新，增加一些较为新颖的题目。

由于编者水平有限，疏漏之处在所难免，敬请广大读者批评指正。

编　者

2025年2月

第3版前言

为适应我国当前医学教育的培养目标，强化“三基”(基本知识、基本理论、基本技能)教学，加强对基本技能和动手能力的培养，我们根据蚌埠医学院实际情况，在总结多年教学经验和心得的基础上，以遵循实用为原则，编写了本书。

本书第1版于2011年出版，根据出版之后这几年的教学实践和学科发展动态，我们在原来的基础上又做了进一步的调整、充实和完善，对本书的习题指导部分中的个别疏漏进行了改正，同时增加了相应的内容，使之能更好地满足细胞生物学教学的实际需要。

真诚欢迎广大读者对书中的错误和不当之处提出宝贵的意见，以便我们及时改正。

编　者

2019年5月

第2版前言

1925年，生物学大师E. B. Wilson就说过："一切生命的关键问题都要到细胞中去寻找。"细胞生物学是现代生物学的重要基础学科，是生物学各学科在细胞水平上的统一；同时，细胞生物学又是一门实验性较强的学科，细胞生物学实验技术在生命基础理论研究及临床医学实践研究中起着极其重要的作用。细胞生物学实验课程对培养学生的基本技能、动手能力、团队合作意识以及综合科研素质等都具有重要意义。近年来，全国不少高等医学院校开设了生物学专业，传统的医学细胞生物学实验教材不能满足医学院校生物学专业细胞生物学实验教学的需要，综合性大学生物学专业的细胞生物学实验教材又不能很好地贴合医学院校细胞生物学实验教学的实际。为此，我们组织力量为医学院校（包括生物学专业）学生编写一本细胞生物学实验教材，旨在促进医学院校细胞生物学实验教学，规范实验课程内容。

本实验教材的编写理念是：以培养学生掌握细胞生物学基本实验技术为重点，兼顾科学性和先进性。在实验内容的选择上，既有较为经典的基础性实验，又有反映现代细胞生物学研究前沿的综合性实验。本实验教材的编写者都是从事细胞生物学理论和实验教学多年的教师，有着丰富的实验教学经验。

从多年的教学实践看，细胞生物学，特别是医学细胞生物学，大多在大一第一学期开设，很多学生上完理论课后，向老师反映抓不住重点，希望最好每章能配备一定量的习题，以帮助他们理解课堂内容和及时复习。为此，我们以人民卫生出版社出版的《细胞生物学》为蓝本，在本实验教材第二部分，结合课堂重点和难点内容，编写章节习题，同时附有一套课程模拟试卷，并附有习题答案，以方便学生检查课堂知识掌握程度和复习使用。因部分章节未设置习题，故省略。

本实验教材适用于医学院校生物学专业的细胞生物学实验教学和医学院校非生物学专业(如临床医学、医学检验、预防、影像等)的医学细胞生物学实验教学和理论复习。

本实验教材2011年8月由中国科学技术大学出版社正式出版，本次修订再版，既保留了原教材的内容与风格，又对原书中的个别错漏进行了更正，使之更加适应教学需要。

最后，我们要感谢蚌埠医学院生物科学系赵莉教授、陈昌杰教授对本实验教材编写工作的大力支持和指导，同时非常感谢中国科学技术大学出版社对本书出版给予的帮助。

由于编写者水平有限，加之编写时间仓促，本实验教材难免存在一些缺点和错误，敬请同行专家和广大读者批评指正。

编　者

2014年12月

目　　录

第 4 版前言 …………………………………………………………………………… (ⅰ)
第 3 版前言 …………………………………………………………………………… (ⅲ)
第 2 版前言 …………………………………………………………………………… (ⅴ)
绪论 ……………………………………………………………………………………… (1)

第一部分　细胞生物学实验

实验一　普通光学显微镜的结构及其使用 ……………………………………… (4)
实验二　特殊显微镜构造及其使用 ……………………………………………… (11)
实验三　差速离心法分离细胞器及鉴定 ………………………………………… (20)
实验四　细胞中 DNA 与 RNA 的显示与观察 ………………………………… (24)
实验五　细胞活体染色与细胞器的观察 ………………………………………… (26)
实验六　微管的间接免疫荧光显示与观察 ……………………………………… (30)
实验七　微丝的免疫荧光显示与观察 …………………………………………… (33)
实验八　细胞的吞噬活动观察 …………………………………………………… (36)
实验九　小鼠骨髓染色体标本制备及观察 ……………………………………… (39)
实验十　细胞的有丝分裂与减数分裂观察 ……………………………………… (42)
实验十一　培养器皿的清洗与消毒 ……………………………………………… (47)
实验十二　细胞培养试剂用液的配制与消毒 …………………………………… (54)
实验十三　细胞的原代培养 ……………………………………………………… (58)
实验十四　细胞冻存和复苏 ……………………………………………………… (62)
实验十五　细胞的传代培养 ……………………………………………………… (65)
实验十六　培养细胞的形态观察、计数和活力检测 ……………………………… (68)
实验十七　细胞增殖和细胞毒性检测(CCK-8 法) ……………………………… (72)
实验十八　流式细胞术检测细胞周期 …………………………………………… (75)
实验十九　细胞凋亡诱导与检测 ………………………………………………… (78)
实验二十　聚乙二醇(PEG)介导的细胞融合 …………………………………… (82)

第二部分 《医学细胞生物学》习题及答案

第一章 绪论 …………………………………………………………………………… (86)
第二章 细胞概念与分子基础 ……………………………………………………… (90)
第四章 细胞膜与物质的穿膜转运 ………………………………………………… (95)
第五章 细胞的内膜系统与囊泡转运 ……………………………………………… (104)
第六章 线粒体与细胞内的能量转换 ……………………………………………… (115)
第七章 细胞骨架与细胞的运动 …………………………………………………… (121)
第八章 细胞核 ……………………………………………………………………… (127)
第十章 细胞连接与细胞黏附 ……………………………………………………… (137)
第十二章 细胞间信息传递 ………………………………………………………… (141)
第十三章 细胞分裂与细胞周期 …………………………………………………… (148)
第十五章 细胞分化与干细胞 ……………………………………………………… (156)
第十六章 细胞衰老与细胞死亡 …………………………………………………… (160)
医学细胞生物学模拟试卷 …………………………………………………………… (165)

参考文献 ……………………………………………………………………………… (173)

绪　论

一、实验室规则

为获得较好的实验效果，避免发生差错与意外事故，特制定以下规则与要求，希望实验者能严格遵守：

(1) 学生应按规定的上课时间提前 5～10 min 进入实验室。做好实验前的准备工作，穿白大褂，备好铅笔和实验报告本等。

(2) 在实验室内要遵守实验纪律，严禁谈笑喧闹，保持良好的实验秩序。在实验过程中不得擅自离开实验室，有事向老师请假，获得批准后方可离去。

(3) 必须爱护实验室内的一切仪器、物品。不得独自占用公用物品，用后归还原处。

(4) 注意安全。使用有毒物品、强酸、强碱等，应严格按照操作规程。易燃物品应远离火源。禁止用湿手接触电源开关或电源。

(5) 实验结束，在离开实验室前，应清理好自己的实验台。整个实验室卫生由各班班长安排同学轮流打扫。关好门、窗、水、电后方可离开实验室。

二、实验课学生守则

(1) 应在实验课前预习相关理论和实验教学项目，了解实验的内容、目的和方法。

(2) 穿工作服、持学生证准时进入实验室，按指定位置入座，不得无故迟到、早退，不得随意走动、大声喧哗。

(3) 应听从老师指导，严格按实验规定的方法和程序进行操作。涉及危险物品，应注意安全，如有疑问及时请示老师。客观书写实验报告并按时交由老师批改。

(4) 要节约实验资源，爱护公共财产，如有损坏按规定赔偿。

(5) 实验结束时在实验室老师和技术人员的指导下，核查实验物品和仪器设备，认真做好实验的“三废”(废气、废液、废渣)及病菌实验动物的处理工作。

(6) 要讲文明、讲卫生，不准随地吐痰、乱扔杂物、乱涂乱画，保持实验室整洁。

(7) 尊敬师长，热爱劳动，负责实验室的卫生整洁工作。实验结束，在得到老师同意后方可离开。

(8) 遵循实验动物伦理，善待实验动物。

三、细胞生物学实验绘图方法与要求

(1) 细胞生物学实验绘图的原则：真实性和典型性。绘图必须是真实观察到的，不得抄袭教材上的附图，要在仔细观察的基础上，选择典型结构进行描绘。所谓典型就是指所绘的图能表达该图所代表的基本特征，通过所绘的图能对结构或内容的基本特点有所表现。

(2) 细胞生物学实验绘图要根据实验报告纸空白处的大小做到比例适中、布局合理和整齐美观。

(3) 绘图基本顺序：先认真观察标本，然后用铅笔(最好为 HB 铅笔)轻轻画出各部分的结构轮廓，最后与标本比较其形态、大小比例以及各部分的位置关系是否正确，经修改确定后，再用铅笔按先前轮廓图描绘出正式图。

(4) 图的明暗一般用细圆点的疏密来表示，不得涂暗影或进行其他美术加工。

(5) 对图中各部结构名称，一般在右侧引出直线，不交叉，末端平行、对齐，在末端处注明。

(6) 一般在所绘图的下方要注明该图的名称、染色方法和放大倍数。

第一部分

细胞生物学实验

实验一　普通光学显微镜的结构及其使用

【实验目的】

（1）熟悉普通光学显微镜的主要构造及性能。

（2）掌握低倍镜和高倍镜的正规使用方法。

（3）了解油镜的使用方法。

【实验原理】

1．折射和折射率

光线在均匀的各向同性介质中，两点之间以直线传播，当通过不同密度介质的透明物体时，则发生折射现象，这是由于光在不同介质中传播速度不同所造成的。

2．凸透镜的五种成像规律

（1）当物体位于透镜物方二倍焦距以外时，在像方二倍焦距以内、焦点以外形成缩小的倒立实像。

（2）当物体位于透镜物方二倍焦距上时，在像方二倍焦距上形成同样大小的倒立实像。

（3）当物体位于透镜物方二倍焦距以内、焦点以外时，在像方二倍焦距以外形成放大的倒立实像。

（4）当物体位于透镜物方焦点上时，像方不能成像。

（5）当物体位于透镜物方焦点以内时，像方也不能成像，而在透镜物方的同侧比物体远的位置形成放大的直立虚像。

3．成像原理

显微镜和放大镜起着同样的作用，就是把近处的微小物体形成一放大的像，以供人眼观察。只是显微镜比放大镜具有更高的放大率而已。物体位于物镜前方，离开物镜的距离大于物镜的一倍焦距，但小于两倍物镜焦距。物质 AB 经物镜以后，必然形成一个倒立的放大的实像 $A'B'$，$A'B'$ 靠近 f_2 的位置。再经目镜放大为虚像 $A''B''$ 后供眼睛观察。目镜的作用与放大镜一样。所不同的只是眼睛通过目镜所看到的不是物体本身，而是物体被物镜已经放大了一次的像（图 1-1）。

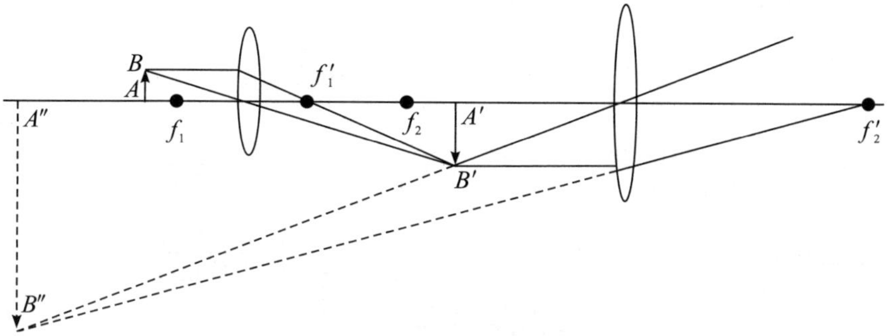

图 1-1　显微镜成像光路图

【器材与材料】

1. 器材

光学显微镜、字母片。

2. 材料

洋葱表皮细胞装片。

【实验步骤】

一、光学显微镜的主要构造

光学显微镜的构造主要分为三部分:机械部分、照明部分和光学部分(图1-2)。

(一) 机械部分

1. 镜座

镜座是整个显微镜的基座,通常为马蹄形或长方形,用以支持整个镜体的平稳。有的显微镜在镜座内装有照明装置。

2. 镜柱

镜柱是镜座上方直立的部分,用以连接和支持镜臂。

3. 镜臂

镜臂是镜柱向上的弯曲部分,是取用显微镜时握持的地方。有的显微镜在镜臂与镜柱之间有一活动关节,称为倾斜关节。可使镜筒向后倾斜,便于观察。

4. 镜筒

镜筒是连在镜臂前方的圆筒,一般筒长为 160 mm。有的镜筒是固定不动的,有的可上下移动，在镜筒上端装有目镜，下端连接物镜转换器。

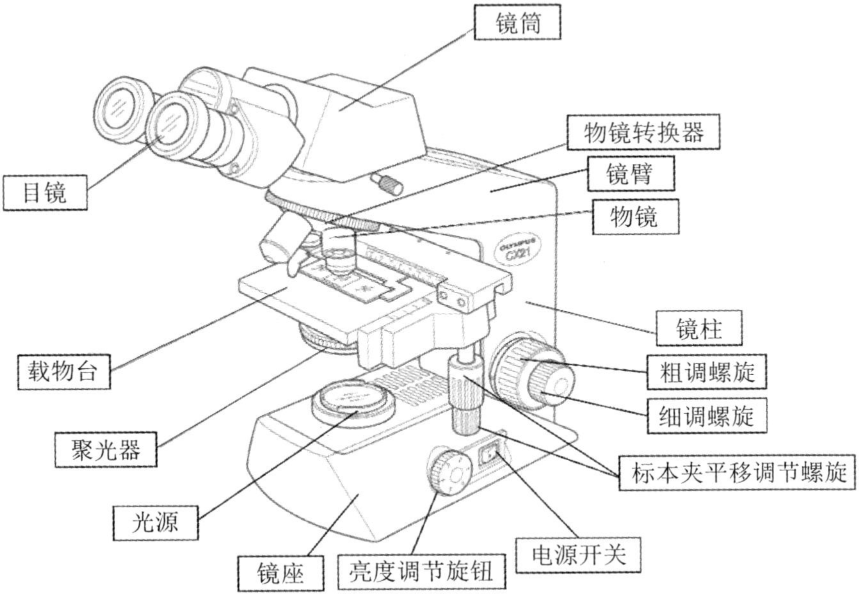

图 1-2　普通光学显微镜结构图

5. 调节器

调节器是装在镜臂或镜柱上的两种螺旋，转动时可使镜筒或载物台上下移动，以调节物镜和标本之间的距离，即调节焦距。粗调螺旋转动时上下移动范围较大，能迅速调节物镜与标本的距离，使物像呈现于视野中。细调螺旋转动时升降幅度小。一般在用粗调螺旋调焦的基础上或在使用高倍镜时，用细调螺旋做比较精确的调节，从而得到完全清晰的物像，并能观察标本不同层次和不同深度的结构。

6. 物镜转换器(旋转盘)

物镜转换器是连接在镜筒下端可自由旋转的圆盘，具有 3～4 个圆孔，物镜即装在这些圆孔里，转动旋转盘可调换不同放大倍率的物镜。

7. 载物台

载物台是安装在镜筒下方的方形或圆形平台，用以放置玻片标本。平台中央有一圆形的通光孔，来自下方的光线经此孔照射到标本上。载物台上装有标本片推进器，其左侧弯形的弹簧夹是用来固定标本片的，转动右侧两个螺旋能向前后左右移动标本。有的推进器上还有刻度，可以计算标本移动的距离和确定标本的位置。

（二）照明部分

载物台下方装有一套照明装置，由光源和聚光器组成。

1. 光源

光源装在镜座基部，其作用是经过聚光镜上的通光孔照亮标本。打开电源开关，调节亮度旋钮可调控光线强弱。

2. 聚光器

聚光器位于载物台下方的支架上，由聚光镜和虹彩光圈组成。利用镜台下方的调节螺旋可控制其升降，以调节光线的强弱。

(1) 聚光镜。一般由两个或三个透镜构成，其作用相当于一个凸透镜，具有汇集光线成束以增强照明度的功能。

(2) 虹彩光圈。位于聚光镜下方，也叫光圈，由十几张金属薄片组成。其外侧伸出一柄。推动此柄可改变光阑孔径的大小，以调节通光量。有些显微镜的虹彩光阑下还装有滤光玻片支持框，可安放不同颜色的滤光玻片。

(三) 光学部分

1. 目镜

目镜又称接目镜，装在镜筒的上端，通常由两个透镜组成。在上下透镜之间或在下透镜的下面装有一个用金属制成的光阑，由它决定视野的大小，故称视场光阑。在光阑的面上还可安装目镜测微尺，并用人发粘贴在光阑上作为指针，用以指示观察目标。一架显微镜常备有 2～3 个目镜，上面刻有 5×、10×、15×等符号以示其放大倍数，可供选择使用，一般常用的目镜倍数为 10×。

2. 物镜

物镜又称接物镜，装在物镜转换器上，一般有 3～4 个。物镜是由数片凸透镜和凹透镜严格组合起来的一组镜片，它是决定显微镜分辨性能高低的关键部件。通常在物镜上标有主要性能指标——放大倍数和镜口率(如 10/0.25、40/0.65和100/1.25)、镜筒长度和所要求的盖玻片厚度(如 160/0.17)。根据放大倍数不同，习惯上把 10 倍的叫低倍镜，把 40 倍的叫高倍镜，把 90 或 100 倍的油浸物镜叫油镜。为便于区别，在高倍镜和油镜上常用一圈不同颜色的线作为特殊标志。

显微镜性能和质量的高低可通过分辨率、数值孔径、放大率及焦点深度、视场直径等指标来反映。

分辨率(resolving power)即显微镜的分辨本领，是指显微镜或人眼在 25 cm 和明视距离(能看清物像的最佳标准距离)处能清楚分辨被检物体最小间隔的能力。它主要由物镜的分辨率决定，与目镜无关，具体公式如下：

$$R=\frac{0.61\,\lambda}{N\cdot A}$$

其中，λ 为照明光源的波长，如白光 $\lambda\approx0.5\ \mu\text{m}$；$N$ 为介质的折射率，如空气 $N=1$，玻璃 $N=1.52$，香柏油 $N=1.51$，石蜡油 $N=1.46$；α 为镜口角，它是指在工作距离

处位于物镜光轴上标本中的一个点所发出的光线到物镜的前透镜有效直径两端所形成的夹角。可见，通过降低波长、增大介质折射率和加大孔径角及增加明暗反差是提高分辨率的有效手段。

数值孔径（numerial aperture）也称镜口率，是直接决定显微镜分辨率的一个重要参数，其公式为

$$N \cdot A = n \cdot \sin \frac{\alpha}{2}$$

其中镜口率数值越大，表示分辨力越高。

工作距离是指显微镜处于工作状态（物像调节清晰）时，物镜最下面透镜的表面与盖玻片上表面之间的距离。物镜的放大倍数愈大，工作距离愈小，见表 1-1。

表 1-1 标准物镜的性质

放大倍数	镜口率（$N \cdot A$）	工作距离（mm）
10×	0.20	6.50
20×	0.50	2.00
40×	0.65	0.60
100×	1.25	0.20

二、显微镜的使用方法

在使用显微镜前，应先检查一下它的各个部件是否完整和正常，并进行必要的清洁工作，然后将显微镜放置在自己左肩前方的实验台上，离桌子边缘6 cm为宜，以便观察。

（一）低倍镜的使用方法

1．对光

用左手转动粗调螺旋使镜筒上升或载物台下降，然后转动物镜转换器使低倍镜对准载物台的通光孔，打开光圈，旋转聚光镜升降螺旋，使聚光镜上端透镜平面稍低于载物台平面的高度，两眼同时睁开，打开电源开关，调节光亮强度及光圈，直到视野内的光线均匀，亮度适中为止。

2．放置玻片标本

取一张玻片标本放在载物台上，有盖玻片的一面朝上，将其固定在推进器上，然后用手转动推进器螺旋，把要观察的标本部位对准通光孔的中心。

3．调节焦距

用手转动粗调螺旋，使低倍镜调到最高，贴近玻片，然后两眼同时睁开，用手慢慢转动粗调螺旋，使镜头上升或使载物台下降，当视野中出现物像时，再调节细调

螺旋,直至视野中出现清晰的物像为止。如果物像不在视野中心,可上下左右移动玻片标本位置(注意:玻片移动方向与观察物像移动的方向相反)。如果在调节焦距时,镜头和标本片的距离已超过工作距离而未见到物像,则应严格按上述步骤重新操作。

(二)高倍镜的使用方法

(1) 一定要先在低倍镜下找到待观察的标本物像后,再把需要放大的部分移至视野正中,并把物像调节到最清晰的程度。

(2) 转动物镜转换器直接转换高倍物镜会见到视野中有不太清晰的物像,此时只要再慢慢向上或向下转动细调螺旋,即可得到清晰的物像。如果发生高倍镜头碰到玻片不能转换,应检查原因(如低倍镜的焦距是否调好,标本片是否放反或物镜是否松动等),再重新操作。

(三)油镜的使用方法

(1) 在高倍镜下找到所要观察的标本后将需要进一步放大的部分移至视野中心。

(2) 把聚光器上升到最高位置,光阑开到最大。

(3) 转动物镜转换器。移开高倍镜,在要观察的部位的盖玻片上滴加一滴香柏油作为介质(因香柏油的折射率和玻璃的折射率大致相同)。

(4) 转动物镜转换器使油镜对准通光孔,这时油镜与油滴接触。

(5) 用眼观察目镜,同时小心地转动细调螺旋使镜头微微上升或使载物台微微下降,直到出现清晰的物像。切忌使用粗调螺旋,或在视野中看不到模糊的像时,一直单方向转动细调螺旋使镜头下降,否则会压碎玻片标本或损坏镜头。

(6) 油镜使用完毕后,必须把镜头和玻片标本上的香柏油擦净。先用拭镜纸蘸少许二甲苯将镜头上的大部分油去掉,再用干拭镜纸擦拭。擦拭时要顺镜头的直径方向擦,不要沿镜头的圆周擦。

【观察结果】

按照显微镜的正规使用方法和注意事项,用所备标本反复练习各操作步骤。

【注意事项】

(1) 拿显微镜时,要一手紧握镜臂,一手托住镜座,不要单手提拿,以防目镜或其他零件滑落。

(2) 显微镜不可放置在实验台边缘,以免碰翻落地。

(3) 不要随意取下目镜或拆卸显微镜的各种部件,以防灰尘落入内部或发生丢失损坏等意外事故。

(4) 使用显微镜时,操作要正规,养成两眼同睁、两手并用的习惯,边观察边计数和绘图等。

(5) 要保持显微镜的清洁,发现有灰尘或操作中不慎使镜头和载物台沾上染料、水滴等,应及时擦去。光学和照明部分的镜面只能用擦镜纸轻轻擦拭,切勿用手指、手帕和绸布等擦摸,以免磨损镜面。机械部分可以用布擦拭。

(6) 显微镜使用完毕,转动转换器调至低倍镜,转动粗调螺旋降下载物台,取下标本片,转动转换器使物镜离开通光孔,然后再上升载物台使其接近物镜,下降聚光器,关闭虹彩光阑,复原标本移动夹,调节亮度调节旋钮至光亮强度最小,关闭电源开关,最后填写使用登记表,把显微镜放回镜箱。

思 考 题

1. 在放置标本片时,如果把标本片放反了,将会出现什么问题?为什么?

2. 在低倍镜调节焦距时,当视野中出现了能随标本片移动而移动的颗粒或斑纹,是否只要调节推进器将标本对准物镜中央,就一定能观察到标本的物像?为什么?

3. 如何分析判断视野中所见到的污物点是否在目镜上?

4. 使用显微镜观察标本,为什么一定要按照从低倍镜到高倍镜再到油镜的顺序进行?

5. 在转动细调螺旋时,若已达极限而转不动,应如何解决?

实验二　特殊显微镜构造及其使用

Ⅰ　相差显微镜

【实验目的】

掌握相差显微镜的原理、构造及其使用方法。

【实验原理】

光波有振幅(亮度)、波长(颜色)及相位(指在某一时间上,光的波动所能达到的位置)的不同。当光通过物体时,只有波长和振幅发生变化,人们的眼睛才能观察到,这就是普通显微镜下能够观察到染色标本的道理。而活细胞和未经染色的生物标本,因细胞各部细微结构的折射率和厚度仅略有不同,光波通过时,波长和振幅并不发生变化,仅相位有变化(相位发生的差异即相差),而这种微小的变化,人眼是无法加以鉴别的,故在普通显微镜下难以观察到。相差显微镜能够改变直射光或衍射光的相位,并且利用光的衍射和干涉现象,把相差变成振幅差(明暗差),同时它还吸收部分直射光线,以增大其明暗的反差。因此可用以观察活细胞或未染色标本。

1. 装置

相差显微镜不同于普通光学显微镜,它在装置上有四种必不可缺的部件:相差物镜、具有环状光阑的转盘聚光器、合轴调中望远镜和绿色滤色镜。

(1) 相差物镜(phase contrast objective)。相差物镜是显微镜特有的重要装置。在相差物镜内的后焦面上装有种类不同的相板。相板由于前述的作用,造成视场中被检样品影像与背景不同的明暗反差,各具不同的效果。因物镜内相板种类或构成的不同,物镜在明暗反差上可区分为两大类,即明反差(B)或负反差(N)物镜,和暗反差(D)或正反差(P)物镜。物镜的反差类别,用英文字母 B 或 N 或 D 或 P 标志在物镜外壳上,并兼有高 H(high)、中 M(medium)和低 L(low)三种不同的反差。有的相差物镜用 PH 字样给予标示。

同一反差类别的物镜,根据放大率的不同,又可分为 10×、20×、40×和100×

数种，因此，相关物镜种类颇多，一套可多达20余种。

相差物镜多为消色差物镜或平场消色差物镜(PL)。

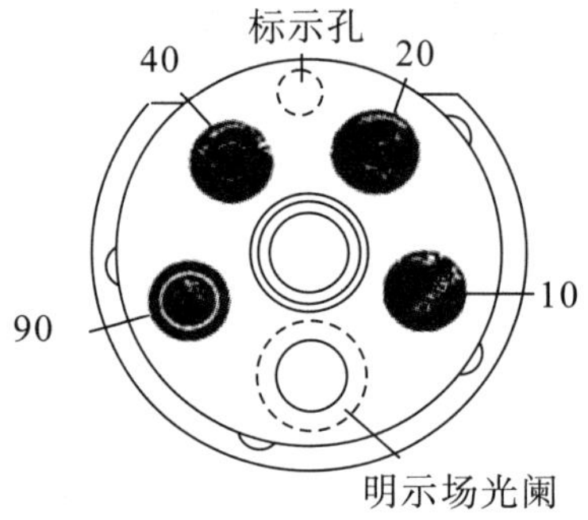

图2-1 转盘聚光器的构造

(2) 转盘聚光器(turret condenser)。位于镜台之下，普通聚光器的所在位置上，由聚光镜和环状光阑(annular diapheragm)构成。环状光阑位于聚光镜之下，是一种特殊的光阑装置，由大小不同的环状通光孔构成，不同规格的通光孔——环状光阑装配在一个可旋转的转盘上，按需要调转使用(图2-1)。环状光阑的环宽与直径各不相同，与不同放大率的相差物镜内的相板相匹配，不可滥用。转盘前端朝向使用者一面有标示窗(孔)，转盘上的不同部位标有0、1、2、3和4或0、10、20、40和100字样，通过标示窗显现。0表示非相差的明视场的普通光阑。1或10、2或20、3或40和4或100，表示与相应放大率的相差物镜相匹配的不同规格的环状光阑的标志。通过手动转入的标示窗内的数字，表示该数字所代表的环状光阑已进入光路。

(3) 合轴调中望远镜(centering telescope)。合轴调中望远镜简称CT，又名合轴调中目镜。它是眼透镜，可进行升降调节，是具有较长焦距的一种望远目镜。镜筒较长，其直径与观察目镜相同。它仅作为环状光阑的环孔(亮环)与相差物镜相板的共轭面环孔(暗环)的调中合轴与调焦之用。相差显微镜使用时，转盘聚光器的环状光阑与相差目镜必须匹配，且环状光阑的孔环与相差物镜相板共轭面的环孔在光路中要准确合轴，并完全吻合或重叠，以保证直射光和衍射光各行其路，使成像光线的相位差转变为可见的振幅差。但是，镜体的光路中前述两环的影像较小，一般目镜难以辨清，不能进行调焦与合轴的操作，非借助合轴调中望远镜不可。

(4) 绿色滤色镜(green filter)。相差物镜的种类，从色差消除情况来分，多属消色差物镜(achromatic objective)或PL物镜。消色差物镜的最佳清晰范围的光谱区为510～630 nm。欲提高相差显微镜的性能最好以波长范围小的单色光照明，即按物镜最佳清晰范围的波长的光线进行照明。所以，使用相差物镜时，在光路上加用透射光线波长为500～600 nm的绿色滤色镜，使照明光线中的红光和蓝光被吸收，只透过绿光，可提高物镜的分辨能力。该滤色镜兼有吸热的作用，以利活体观察。

2. 相差显微镜的光路与成像

相差显微镜的照明光束，由转盘聚光器环状光阑的环状孔射入聚光镜，透射载物台上的被检样品，经样品后，入射光除透射的直线光外，同时产生衍射光。衍射光的振幅较小，相位滞后。直射光和衍射光进入物镜，前者由环状的共轭面、后者由较大的补偿面透过相板，相互干涉造像。样品的影像由直射光(S)和衍射光(D)经干涉后的合成波(P)形成，即 P = S ± D；背景仅由直射光形成。直射光和衍射光两种光波的相位差异造成不同的反差效果，或明反差或暗反差，视所用物镜的相板类别而定。成像光束由物镜射入目镜，在目镜的视场光阑处再次放大，并由出射光瞳射出目镜(图 2-2)。

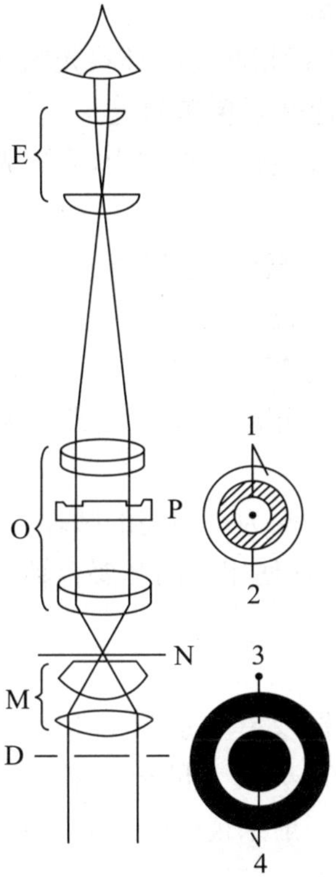

图 2-2　相差显微镜成像光路图

E. 目镜；　O. 物镜；　M. 聚光器；　N. 载玻片；　P. 相板；　D. 环状光阑

1. 金属层(吸光区)；　2. 电解质层；　3. 透明的环状部分；　4. 不透明的涂漆部分

【器材与材料】

1. 器材

普通复式显微镜、相差显微镜附件、相差物镜、转盘聚光器、合轴调中望远镜和绿色滤色镜、载片、盖片、滤纸。

2. 材料

活体生物样品等。

【实验步骤】

1. 相差物镜的调换安装

调节物镜转换器转至相差物镜，与普通目镜配套使用。

2. 调换环状光阑进入光路

把与相应放大率的相差物镜相匹配的环状光阑(已安装)调进光路。

3. 把绿色滤色镜放入镜座的滤色镜架上

转盘聚光器调换安装后，要进行合轴调中，使聚光器的光轴与显微镜的主光轴合一。

4. 相板圆环与环状光阑圆环的合轴调中

相差物镜的后焦面装有相板。按物镜放大率与反差效果的不同，相板圆环(共轭面)的大小与结构亦不同。转盘聚光器的环状光阑为一系列透光的、不同大小的明亮环孔，与不同放大率的物镜相应。使用时严格匹配，当物镜更换时，环状光阑亦做相应的更换或调整。

在视场中观察所见，环状光阑为一明亮的圆环，而相板的圆环为一暗环。互相匹配的明环与暗环大小一致。在使用时两者要合轴，互相重叠。两环的重叠，须通过合轴调节方能实现。

5. 相差物镜的选择

相差物镜有不同倍率、不同反差类别和反差程度之分。相差物镜的反差类别和反差程度以及放大倍数，皆用英文字母和数字标示在物镜壳中。例如：20×PH表示20倍，正反差，程度高。一般来说，相差物镜的应用范围如表2-1所示。

表2-1 相差物镜应用范围

字母	反差	应用
P	正	观察细胞或细胞核的内部结构
N	负	观察微小的物体如孢子、鞭毛和活的样品等
H	高	当样品反差较低时
L	低	当样品反差较高时
M	中	当样品反差为中等时

【观察结果】

在相差显微镜下观察活细胞，可清楚地分辨细胞的形态，包括细胞核、核仁以及胞质中存在的颗粒状结构。

【注意事项】

(1) 适当调节视场光阑与聚光器的孔径光阑。

(2) 不同型号的光学部件不能交换使用。

(3) 载玻片、盖玻片的厚度应遵循标准,不能过薄或过厚。

(4) 切片不能太厚,一般以 5～10 μm 为宜,否则会引起其他光学现象,影响成像质量。

思　考　题

1. 相差显微镜有哪些特有的附件? 其构造如何?
2. 简述明反差与暗反差相板的构成及其原理。
3. 绘制相差显微镜的光路图。
4. 使用相差显微镜检视时,为什么要用绿色滤色镜?
5. 为什么相差显微镜可以直接观察活体样品?
6. 概述环状光阑的亮环与相板的暗环的合轴和调焦法。
7. 用明反差与暗反差物镜分别观察同一物体,并阐述其物像的区别。

Ⅱ　荧光显微镜

【实验目的】

掌握荧光显微镜的结构、原理及其操作方法。

【实验原理】

荧光显微镜是荧光显微术的基本装置。荧光显微术是利用一定波长的光(通常是波长短的紫外光和蓝紫光)照射被检样品,激发荧光物质发出可见的荧光,通过物镜和目镜的成像、放大,以供检视和拍摄。荧光显微镜具有特殊光源,可提供足够强度和波长的激发光,诱发荧光物质发出荧光。视场中所见的像,主要是样品的荧光映像。

荧光显微镜因制造厂家、型号的不同,结构各异,但主要构件基本相同。

1. 光源

采用高压汞灯。汞灯能以最小的表面发出最大数量的紫外光和蓝光，且光亮度大，光度稳定。汞灯中间为一球形石英玻璃管，有两个钨电极，内充汞滴和少量氩氖混合气体。汞灯装在牢固的灯室中，有调中、聚焦和集光装置。使用中严禁频繁开启和关闭，点亮后欲暂停使用时，不可切断电源，可用光阀阻断光路。当汞灯熄灭后，不能立刻点亮，经 5 min 汞灯冷却后才能通电点亮。

HBO 200 W 汞灯的发射光谱为 200～600 nm，其中在 365 nm 和 435 nm 处有两个高峰。

2. 滤色镜系统

荧光显微术的滤色镜，按用途或功能，主要分为下列两类：

(1) 激发滤色镜(exciter filter)。激发滤色镜的作用，在于为被检样品的荧光染料提供最佳波段的激发光。荧光染料均有一定的吸收光谱(激发峰值)，利用滤色镜对光线选择吸收的能力，选用其透射光谱恰为荧光染料的最大吸收光谱(激发高峰)的激发滤色镜，以便从汞灯发出的广谱光波中，选择透过最佳波段的光线。

激发滤色镜加放于汞灯和二向色镜(dichroic mirror)之间、物镜之前。滤镜的型号不同，数量较多，可按不同需要选用。

(2) 阻断滤色镜(barrier filter)。阻断滤色镜位于物镜之上、二向色镜和目镜之间，用以阻断或吸收光路中的激发光或某些波长较短的光线，以防伤害眼睛，但能使荧光透过。选用的原则是：能完全阻断或吸收波长长于所需荧光的光线，并透过样品发出的荧光。所以，阻断滤色镜的选用，应视荧光染料的荧光光谱而定，以能最大限度地透过荧光和阻断短波光为原则。

荧光显微镜中，除上述两类滤镜外，尚有一重要的分色镜(chromatic beam splitter)系统——二向镜位于汞灯和汞激发滤色镜构成的平行光轴与目镜和物镜构成的竖直光轴的垂直相交处，斜向安装于光路之中。由镀膜的光学玻璃制成，其镜面方位与上述两处圆内方交角均为 45°，兼有透射长波光线和反射短波光线的功能。在荧光显微术中承担色光的"分流"作用。

3. 荧光显微镜的光路

荧光显微镜的光路，因荧光激发的方式不同，可分为两种：

(1) 透射荧光显微镜光路。透射荧光显微术是激发光束通过聚光器自下而上地透射样品，诱发的荧光从物镜前方进入物镜。其具体光路如下：汞灯发出的强光经聚光透镜、吸热滤色镜、镜臂反光镜、激发滤色镜、光路转换反光镜后，光线转射向上，进入样品，激发出荧光射入物镜，经阻断滤色镜进入目镜。

(2) 落射荧光显微镜光路。激发光从物镜后部进入物镜，向下落射样品，激发出荧光，荧光反射向上再进入物镜。其光路如图 2-3 所示。

汞灯发出高强的激发光，经集光透镜、吸热玻璃、孔径光阑、激发滤色镜、视场光阑、通过二向色镜，在此处经一定波长以上的长波光线透过二向色镜，脱离光路，一定波长以下的短波光线反射向下进入物镜，透过物镜射向样品，激发荧光物质发出可见的荧光，荧光反射向上再次进入物镜，复经二向色镜其中波长较短的光线反射至光源方向，荧光和长波光线透射向上经阻断滤色镜进入目镜。

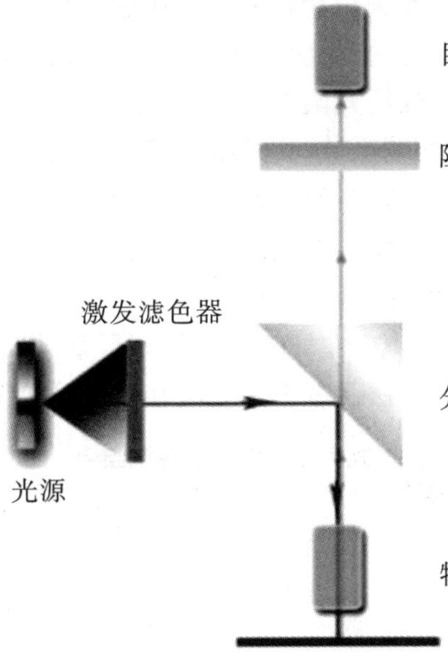

图 2-3　落射荧光显微镜的光路图

【器材与材料】

1. 器材

荧光显微镜或普通复式显微镜及荧光装置附件、荧光染料、载玻片、滤纸。

2. 材料

被检样品等。

【实验步骤】

落射式荧光显微术是当前广泛使用的荧光激发方式，它比透射荧光激发方式具有更多的优越性。下面以 Nikon 荧光显微镜装置为例进行阐述。

(1) 转动镜臂旋转台，至相应的标志位。旋转台为一圆盘状结构，上有 5 个定位标志：U、V、B、G 和 O，分别代表不同的荧光激发方法及其不同的滤色镜系统组合。

(2) 点亮汞灯:接通电源,按压启动器按钮,使汞灯点亮。

(3) 将镜臂左侧的 DNA-EPI 转换钮调至 EPI 位。

(4) 确认灯类点亮,照明系统正确,灯位调中,电弧像聚集准确。

(5) 用荧光染料染色的样品,放在载物台上,用 10× 物镜聚焦。

(6) 孔径光阑的调整使用:光阑位于镜臂中,用外露手杆操纵。在汞灯调中、聚集时,光阑应全开。荧光显微时,孔径应缩小,使之小于视场。

(7) 视场光阑的调整使用:视场光阑位于孔径光阑之后,亦由外露手杆操纵。视场光阑用于限定样品表面的照明区域,其开度一般应与孔径光阑的开孔相当。

(8) 辅助激发滤色滑动阀的使用:滑动阀位于镜臂专用槽中,可拉出或推入。有三个档位供不同使用。全拉出位:供常规使用;中间位:用于 B 激发法,辅助滤色镜进入光路;全推入位:用作光阀,阻断全光线。

(9) 激发方法:共有四种激发方法。UV(紫外)、V(紫)、B(蓝)和 G(绿)激发法,分别适用于不同的荧光染色方法。每种激发法和滤色镜的组合如表 2-2 所示。

表 2-2 落射式荧光激发法滤色镜组合

激发方法	染色类型	转台标志	激发滤色镜	二向色镜	阻挡滤色镜
			类型 辅助滤色镜	类型	类型
UV	自发荧光免疫荧光法(FITC)	U	—	DM400	420K
V	单胺类(儿茶酚胺)	V	—	DM445	417K
B	免疫荧光法(FITC)吖啶橙喹吖因芥子气全胺	B	460	DM505	515W
G	免疫荧光法(TRTJC・RB200)孚尔根法	G	—	DM575	580W

【观察结果】

在示教台上的荧光显微镜下用蓝紫光滤光片,可见经 0.01% 的吖啶橙荧光染料染色的细胞,细胞核和细胞质被激发产生两种不同颜色的荧光(暗绿色和橙红色)。在用菠菜叶制作的切片上可见叶绿体被激发后发出的火红色自发荧光。

【注意事项】

(1) 未装滤光片时不要用眼直接观察,以免损伤眼睛。

（2）用油镜观察时，要加荧光专用油。

（3）高压汞灯开启后应至少 15 min 后才可关闭。

（4）高压汞灯关闭后不能立即重新打开，须经 5 min 后才能再度启动，否则会不稳定，影响汞灯寿命。

（5）标本照射时间过长会发生荧光减弱现象。

（6）使用结束后关闭汞灯电源，待汞灯冷却后方可盖上显微镜防护罩。

思　考　题

1. 什么是荧光？它是怎样发生的？

2. 荧光显微术为什么要以汞灯当光源？

3. 阐述激发滤色镜和阻断滤色镜的功能及其区别。两者有何关系？怎样选用？

4. 阐述二向色镜的作用原理以及选用原则。

5. 用吖啶橙荧光染料进行细胞染色，鉴定其死活，并绘出其染色反映图。

6. 概述滤色镜系统的选用原则。

实验三 差速离心法分离细胞器及鉴定

【实验目的】

(1) 了解用细胞匀浆和差速离心的方法分级分离细胞组分的原理及过程。

(2) 熟悉离心机、匀浆器的使用方法。

【实验原理】

分离亚细胞组分的第一步是制备组织匀浆或细胞匀浆。匀浆(Homogenization)是在低温条件下,将组织或细胞放在匀浆器中加入等渗匀浆介质(即0.25 mol/L 蔗糖-0.003 mol/L 氯化钙溶液)研磨,使细胞被机械地研碎成为各种亚细胞组分和包含物的混合物。

分离亚细胞组分的第二步是分级分离。它通过由低速到高速的离心技术,使非均一混合体中的颗粒按其大小轻重分批沉降到离心管的不同部位,再分步收集,即可得到各种亚细胞组分。由于样品中各种大小和密度的颗粒在离心开始时是均匀分布于整个离心管中,故每级分离得到的第一次沉淀必然不是纯的最重的颗粒,需经反复悬浮和离心加以纯化。分离亚细胞组分主要离心技术是差速离心和密度梯度离心。

(1) 差速离心(differential centrifugation)是在密度均一的介质中由低速到高速逐级离心,用于分离不同大小的细胞和细胞器。在差速离心中细胞器沉降的顺序依次为:细胞核、线粒体、溶酶体与过氧化物酶体、内质网与高尔基体,最后为核糖体。由于各种细胞器在大小和密度上相互重叠,一般重复2~3次效果会好一些。通过差速离心可将细胞器初步分离,但常需进一步通过密度梯度离心再行分离纯化。

(2) 密度梯度离心(density gradient centrifugation)是用一定的介质在离心管内形成一连续或不连续的密度梯度,将细胞混悬液或匀浆置于介质的顶部,通过重力或离心力场的作用使细胞分层、分离。这类分离又可分为速度沉降和等密度沉降两种。密度梯度离心常用的介质为氯化铯、蔗糖和多聚蔗糖。分离活细胞的介质要求:能产生密度梯度,且密度高时,黏度不高;pH 中性或易调为中性;浓度大时渗透压不大;对细胞无毒。①速度沉降(velocity sedimentation)主要用于分离密度相近而大小不等的细胞或细胞器。这种方法所采用的介质密度较低，介质的最大密度应小于被分离生物颗粒的最小密度。生物颗粒（细胞或细胞器）在十分平缓的密度梯度介质中按各自的沉降系数以不同的速度沉降而达到分离。②等密度沉降（isopycnic sedimentation）适用于分离密度不等的颗粒。细胞或细胞器在连续梯度的介质中经足够大离心力和足够长时间沉降或漂浮到与自身密度相等的介质处，并停留在那里达到平衡，从而将不同密度的细胞或细胞器分离。等密度沉降通常在较高密度的介质中进行。介质的最高密度应大于被分离组分的最大密度。这种方法所需要的力场通常比速度沉降法大 10～100 倍，故往往需要高速或超速离心，离心时间也较长。但大的离心力、长的离心时间都对细胞不利。因此，这种方法适于分离细胞器，而不太适于分离和纯化细胞。

分离亚细胞组分的第三步是对分级分离得到的组分进行分析以确认。常用的分析方法包括形态和功能鉴定。

【器材、材料与试剂】

1. 器材

玻璃匀浆器、普通离心机、台式高速离心机、普通天平、光学显微镜、载玻片、盖玻片、刻度离心管、高速离心管、滴管、10 mL 量筒、25 mL 烧杯、玻璃漏斗、解剖剪、镊子、吸水纸、纱布、蜡盘、平皿、牙签。

2. 材料

小白鼠、冰块。

3. 试剂

0.25 mol/L 蔗糖 - 0.003 mol/L $CaCl_2$溶液、吉姆萨染液（Giemsa）、0.02%詹纳斯绿 B 染液、0.9% NaCl 溶液。

【实验步骤】

1. 制备肝细胞匀浆

将饥饿 24 h 的小白鼠用颈椎脱位法处死，迅速开腹取肝，剪成小块（去除结缔组织），尽快置于盛有 0.9%NaCl 的烧杯中，反复洗涤，除去血污，用滤纸吸去表面的液体。

称取 1 g 肝组织（湿重）放在小平皿中，用量筒量取 8 mL 预冷的 0.25 mol/L 蔗糖 - 0.003 mol/L $CaCl_2$溶液，先加少量该溶液于平皿中，尽量剪碎肝组织后，再全加入。剪碎的肝组织倒入匀浆管中，使匀浆器下端浸入盛有冰块的器皿中，左手持之，右手将匀浆捣杆垂直插入管中，上下转动研磨 3～5 次，用 8 层纱布（先用蔗糖液湿润)过滤匀浆于离心管中,然后制备涂片①,做好标记,自然干燥。

2. 分级分离与观察

(1) 细胞核的分离提取与观察。将装有滤液的离心管配平后,放入低温离心机,以 2 500 r/min 的速度离心 15 min;缓缓取上清液,移入高速离心管中,放在冰块中,待分离线粒体用;同时涂一张上清液片②,做好标记,自然干燥;余下的沉淀物进行下一步骤。

用 6 mL 蔗糖-氯化钙溶液悬浮沉淀物,以 2 500 r/min 的速度离心 15 min 弃上清,将残留液体用吸管吹打成悬液,滴一滴于干净的载片上,即涂片③,自然干燥。

将涂片①②③用吉姆萨染液(Giemsa)工作液(吸出少量原液用 1/15 mol/L 磷酸缓冲液做 10～20 倍稀释)染色后盖片即可观察。

(2) 线粒体的分离提取与观察。将上述装有上清液的高速离心管,从装有冰块的烧杯中取出,配平后,以 17 000 r/min 的速度离心 20 min,弃上清,留取沉淀物。加入 0.25 mol/L 蔗糖 - 0.003 mol/L 氯化钙溶液 1 mL,用吸管吹打成悬液,以 17 000 r/min 的速度离心 20 min,将上清吸入另一试管中,留取沉淀物,加入蔗糖-氯化钙溶液 0.1 mL 混匀成悬液(可用牙签)。取上清液和沉淀悬液,分别滴一滴于干净载玻片上(分别标记④⑤涂片),各滴一滴 0.02%詹纳斯绿 B 染液盖上盖片染色 20 min。

用高倍镜观察,颗粒状的线粒体被詹纳斯绿 B 染成蓝绿色。

【观察结果】

吉姆萨染液染 10 min,蒸馏水漂洗数秒,用滤纸吸干水,用显微镜(40×)检查,细胞核呈紫红色,混杂的胞质为浅蓝色碎片。

詹纳斯绿溶液染液,10 min 后用光学显微镜观察,线粒体蓝绿色,呈小棒状或哑铃状。

【注意事项】

实验全过程要求在 0～4 ℃下进行,如果使用非冷冻控温的离心机,一般只宜分离细胞核和线粒体,同时注意使样品保持低温;尽可能充分破碎组织、缩短匀浆时间。整个分离过程不宜过长。

思　考　题

1. 简述细胞组分分级分离原理。

2. 该实验为什么采用肝脏作为实验材料？为什么要让小白鼠饥饿过夜？

3. 为什么整个过程采取低温操作？

附：溶液的配制

1. 1/300 詹纳斯绿染液

取詹纳斯绿 1 g，加 Ringer 氏液 300 mL。现用现配。

2. 1/3 000 中性红染液

称取中性红(neutral red)0.1 g，加蒸馏水 300 mL。室温保存。

3. Ringer's Solution

NaCl	0.9 g
KCl	0.042 g
$CaCl_2$	0.025 g
蒸馏水	100 mL

4. 0.25 mol/L 蔗糖 - 0.003 mol/L 氯化钙溶液

蔗糖	85.5 g
$CaCl_2$	0.33 g
蒸馏水	1 000 mL

实验四 细胞中 DNA 与 RNA 的显示与观察

【实验目的】

(1) 掌握显示细胞内 DNA 与 RNA 的细胞化学方法以及了解 DNA 和 RNA 在细胞内的分布状况。

(2) 掌握 Brachet 反应染色的方法与基本原理。

【实验原理】

1899 年 Pappenheim 首创了甲基绿-派洛宁染色法,1902 年 Unna 对这一方法进行了改良。1940 年 Brachet 研究证明甲基绿和派洛宁对 DNA 和 RNA 有选择性的染色效果,这是一种利用碱性染料显示细胞内 DNA 与 RNA 的标准方法之一。其原理是:利用 DNA 和 RNA 对碱性染料的亲合力有差异的特点,进行选择性染色,即 RNA 被派洛宁染成红色,DNA 被甲基绿染成蓝绿色。

【器材、材料与试剂】

1. 器材

显微镜、镊子、刀片、载玻片、盖玻片、酒精灯、滤纸、染色缸(8 个/组)、吸水纸等。

2. 材料

盖玻片培养 HeLa 细胞。

3. 试剂

Carnoy 固定液($V_{甲醇}:V_{冰醋酸}=3:1$)、PBS(pH 7.2)、5% 派洛宁与 2% 甲基绿混合液、丙酮、二甲苯、加拿大树胶。

【实验步骤】

(1) 将培养的 HeLa 细胞接种于盖玻片上,24~28 h 后生长为单层。

(2) 取细胞盖玻片一张,用 PBS(pH 7.2)漂洗 3 次。

(3) 放入 Carnoy 固定液固定 30 min。

(4) 向盖玻片滴加甲基绿-派洛宁混合液,染色 30 min。

(5) 用蒸馏水轻轻漂洗 2～3 次(每次 2～3 s),再用滤纸吸去多余水分。

(6) 将盖玻片浸入丙酮中分色 2～3 s。

(7) 浸入 1/2 丙酮-1/2 二甲苯中 5 s。

(8) 浸入纯二甲苯中透明 5 min。

(9) 滴加一滴中性树胶于载玻片,将载玻片细胞面朝下封片。

(10) 镜下观察。

【观察结果】

DNA 主要分布在细胞核中,RNA 主要分布在核仁及细胞质中,因此经甲基绿-派洛宁混合染色后,细胞质被染成红色,细胞核被染成蓝绿色,其中核仁被染成紫红色(图 4-1)。

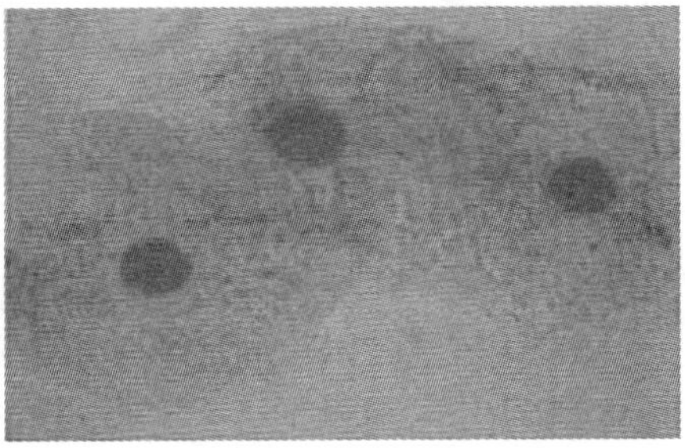

图 4-1　人口腔上皮细胞 DNA 与 RNA 显示

【注意事项】

(1) 派洛宁易溶于水,在用蒸馏水漂洗盖玻片时应严格控制时间,观察颜色变化,防止过度脱色。

(2) 丙酮在本实验中起到分色作用,效果受到时间影响,染色试剂的批次、细胞种类和状态的不同,需要的分色时间有差异。

(3) 注意盖玻片上细胞的正反面。

(4) 商品甲基绿常混有甲基紫,会影响染色效果,应该用氯仿将甲基绿中的甲基紫成分洗脱干净。方法是将市售甲基绿泡入氯仿中,用力振摇,静置后过滤,反复多次直到氯仿中无甲基紫色出现为止,洗去甲基紫后干燥备用。

【实验报告】

(1) 绘出反应结果的细胞图,并注明不同颜色的部位表示有什么物质存在。

(2) 验交永久装片一张。

实验五 细胞活体染色与细胞器的观察

【实验目的】

(1) 掌握临时制片技术。

(2) 掌握细胞活体染色方法。

(3) 观察和了解光镜下人口腔黏膜上皮细胞基本结构,以及线粒体、高尔基复合体的形态和分布。

【实验原理】

细胞的形态结构与功能相关是很多细胞的共同特点,分化程度较高的细胞更为明显,这种特点是生物在漫长进化过程中所形成的。例如:具有收缩机能的肌细胞伸展为细长形;具有感受刺激和传导冲动机能的神经细胞有长短不一的树枝状突起;游离的血细胞为圆形、椭圆形或圆饼形。不论细胞的形状如何,细胞的结构一般分为三大部分:细胞膜、细胞质和细胞核。但也有例外,例如:哺乳类红细胞成熟时细胞核消失。

活体染色是应用无毒或毒性较小的染色剂真实地显示活细胞内某些结构而又很少影响细胞生命活动的一种染色方法,其中体外活体染色又称超活染色。詹纳斯绿 B(Janus green B)可专一地对线粒体进行超活染色,这是因为线粒体中细胞色素氧化酶能使詹纳斯绿 B 保持氧化状态(即有色状态)呈蓝绿色,而在周围的细胞质中无此酶系统,染料被还原成为无色的色基(即无色状态)。用中性红-詹纳斯绿 B 混合液进行双重超活染色能使线粒体显示得更清楚。

【器材、材料与试剂】

1. 器材

光学显微镜、恒温水浴锅、载玻片、盖玻片、滴管、镊子、吸水纸、无菌牙签。

2. 材料

人口腔黏膜上皮细胞、蟾蜍肾脏切片、兔脊神经节切片。

3. 试剂

生理盐水、0.5%次甲基蓝、0.02%中性红-詹纳斯绿 B 染液。

【实验步骤】

1．人口腔黏膜上皮细胞制片与观察

（1）在清洁的载玻片中央滴1滴生理盐水。

（2）漱口后，用无菌牙签轻轻地在口腔颊部刮几下，将刮下的物质放入载玻片的滴液内，轻轻涂抹使之分散均匀。

（3）在载玻片上液滴处滴加一滴0.5%次甲基蓝染液，用镊子夹住一块清洁的盖玻片的一边，使另一边与载玻片上的滴液边缘接触，然后缓慢放下，以防产生气泡，染色约2 min后用吸水纸从盖玻片边缘吸去多余的液体。

（4）将载玻片置于低倍镜下，寻找轮廓较清楚的单个细胞并移至视野中央，再转高倍镜观察。可见口腔黏膜上皮细胞呈扁平多边形或扁圆形，仔细辨认细胞核、细胞质和细胞膜等基本结构。

2．线粒体超活染色与观察

（1）取清洁的载玻片放在37 ℃恒温水浴锅的金属板上，滴2滴中性红-詹纳斯绿B染液。

（2）漱口后，用牙签在口腔颊黏膜处稍用力刮几次取上皮细胞，将刮下的物质放入载玻片的染液滴中，染色约10 min（注意不可使染液干燥，必要时可再加滴染液）。

（3）盖上盖玻片，用吸水纸吸去多余染液。

（4）将载玻片置于显微镜下观察，在低倍镜下，选择平展的口腔上皮细胞，换高倍镜或油镜进行观察。可见扁平状上皮细胞的核周围胞质中，分布着一些被染成蓝绿色的颗粒状或短棒状的结构，即是线粒体（图5-1）。

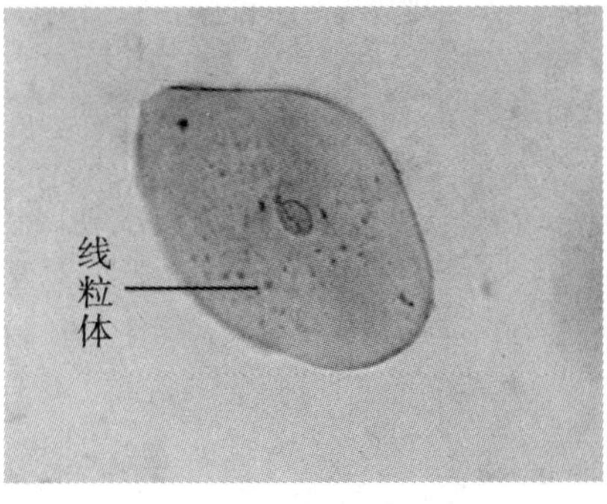

图5-1　人口腔黏膜上皮细胞中的线粒体

3．细胞显微结构的观察

（1）蟾蜍肾脏切片线粒体的观察。低倍镜下观察，视野中可见到许多圆形或椭圆形的肾小管横切面,肾小管的中央为管腔,管壁由紧密排列的单层上皮细胞组成,管壁细胞之间界限不甚清楚,但可根据核的位置大致确定细胞的范围。转换高倍镜或油镜观察,可见细胞核呈圆形,浅蓝黑色,内有一深染的核仁,核周围的细胞质中有许多蓝黑色颗粒或线状的结构,即为线粒体(图 5-2(a))。

(2) 兔脊神经节切片高尔基体的观察。低倍镜下观察,可见到许多大小不等、被染成黄色的圆形神经节细胞,该细胞中央有一不着色呈空泡状的圆形细胞核可作为其标志。选择神经节细胞较多的部位,转换高倍镜或油镜仔细观察,可清晰看到细胞中央圆形、空泡状细胞核,有的核内可见 1～2 个发亮的呈淡黄色的核仁。散在细胞质中的许多棕黑色颗粒状或短线状的结构,就是高尔基复合体。高尔基复合体在细胞内的位置一般集中于细胞核外的某一区域,但在镜下所见的神经节细胞中,高尔基复合体却多半围绕在整个细胞的周围。在视野中也可以看到没有经过核的切面,该细胞内高尔基复合体就好像散在整个细胞中(图 5-2(b)、图 5-3)。

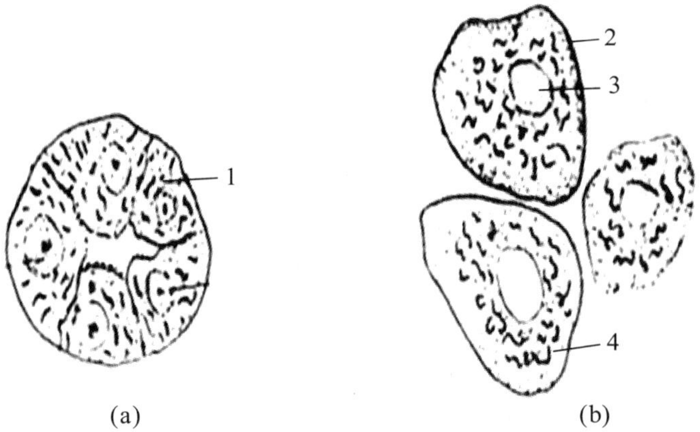

图 5-2 兔和蟾蜍的细胞显微结构

1.线粒体； 2.细胞膜； 3.细胞核； 4.高尔基体

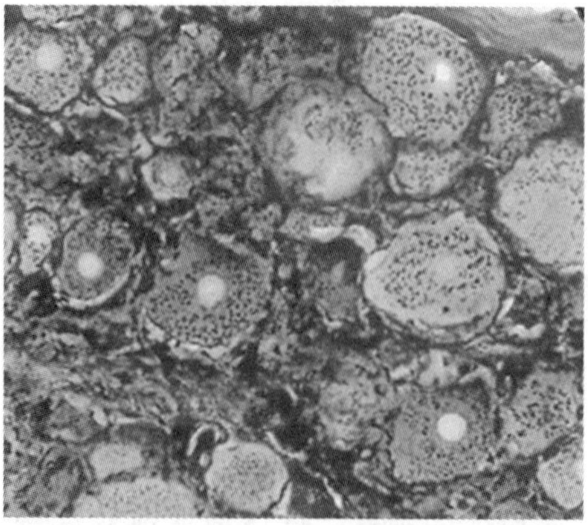

图 5-3 兔脊神经节细胞中的高尔基复合体

【注意事项】

（1）用无菌牙签在口腔颊部刮取口腔黏膜细胞时勿伤及口腔。

（2）涂布口腔黏膜细胞后即刻染色，以保证活细胞染色。

思　考　题

1. 用詹纳斯绿 B 对线粒体进行超活染色的原理是什么？

2. 细胞内的各种细胞器在电镜及光镜下的形态有什么区别？

实验六 微管的间接免疫荧光显示与观察

【实验目的】

（1）了解免疫荧光法显示微管的原理。

（2）熟悉荧光显微镜的使用方法。

【实验原理】

微管（microtubule）于真核细胞中普遍存在，是由微管蛋白异二聚体和少量微管结合蛋白聚合而成的中空管状纤维，在不同类型细胞中，微管具有相同的基本形态。观察微管可用电镜和免疫细胞化学技术，其中较常用的有间接免疫荧光法。该试验方法是：用兔抗微管蛋白（tubulin）的免疫血清（一抗）与体外细胞一起温育，使该抗体与细胞内微管特异结合，然后用异硫氰酸荧光素（FITC）标记的羊抗兔血清（二抗）与一抗温育而结合，从而使微管间接地标记上荧光素。在荧光显微镜下显示出胞质中伸展的微管网络。

【器材与试剂】

1．器材

荧光显微镜、冰箱、培养箱、微量加样器、盖玻片、载玻片。

2．试剂

PBS缓冲液、PEMP缓冲液、固定液3.7%甲醛-PEMP、0.5% Triton X-100、0.5% Triton X-100/PEMP与1% Triton X-100/PBS溶液、兔抗微管蛋白抗体（一抗）、FITC-羊抗兔抗体（二抗）、甘油-PBS缓冲液（9∶1，pH 8.5～9.0）。

【实验步骤】

（1）将细胞培养在载玻片上，用PEMP缓冲液小心冲洗。

（2）将细胞放在37 ℃预温的0.5% Triton X-100/PEMP溶液中，处理1.5～2 min。Triton X-100是非离子型去垢剂，可增加细胞膜的通透性，使抗体容易进入细胞,同时抽提部分杂蛋白,使胞质背景清晰。

(3) 用 PEMP 洗细胞 2 次。

(4) 样品用 3.7%甲醛-PEMP 溶液固定,室温下静置 30 min。

(5) 用 pH 7.2 的 PBS 洗 2 次,每次 5 min,再用滤纸吸干余留液体。

(6) 结合一抗,取适量稀释的兔抗微管蛋白抗体 40 μL 滴加在细胞上,将此长满细胞的盖玻片反扣。

(7) 在清洁的载玻片上,放入加有 PBS 的湿盒内,密闭,37 ℃温育 1 h。

(8) 取出样品,放入 35 mm 小染色缸内,按以下顺序洗涤:PBS→1% Triton X-100/PBS→PBS。每次 3～5 min。1% Triton X-100 洗涤可减少背景非特异荧光。

(9) 结合二抗,在细胞面上滴加 40 μL 已经稀释的 FITC-羊抗兔抗体,步骤同(6)。

(10) 洗涤细胞,步骤同(7),最后用去离子水洗 2 次。

(11) 略干燥后,采用甘油-PBS(9∶1)封片。

【观察结果】

将样品置于荧光显微镜下观察,滴加无荧光镜油,蓝光激发,微管呈细丝状,发黄绿色荧光。细胞核周围的荧光特别明亮,这是微管组织中心(MTOC)所在位置,由核周发出的微管呈网络状布满胞质(图 6-1、图 6-2)。

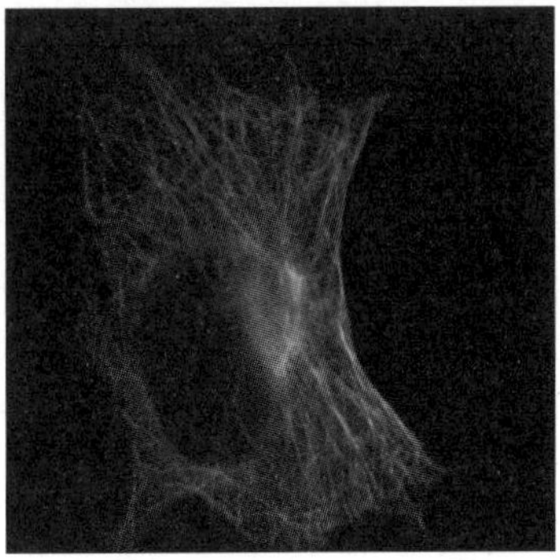

图 6-1　成纤维细胞微管间接荧光

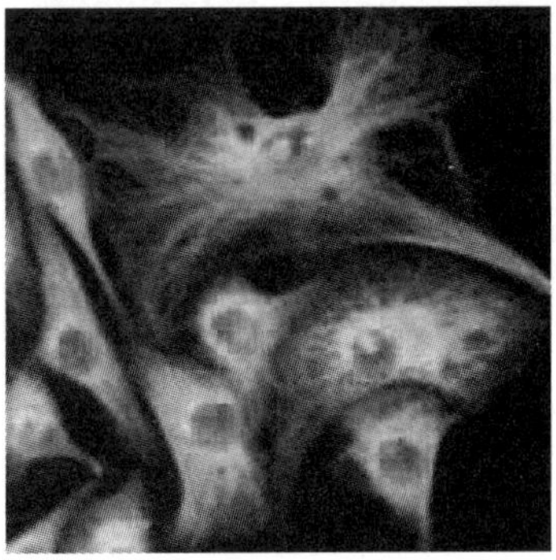

图 6-2　内皮细胞微管间接荧光

【注意事项】

(1) 洗涤要充分,并吸取水分,以免稀释下一步的抗体或试剂,保证清晰的荧光图像。

(2) 合适的荧光抗体稀释度,一抗、二抗在使用前试验最佳稀释度,特异性荧光最强,非特异性染色阴性为佳。

(3) 温育时间为 30～60 min,温度为 37 ℃,可增强抗原抗体反应,但应在湿盒中进行,防止标本干燥。

(4) 标本染色后应立即观察,荧光会逐渐衰减。

【实验报告】

(1) 荧光显微镜下微管的分布特点。

(2) 分清标本染色后,细胞核及微管组织中心荧光分布。

实验七　微丝的免疫荧光显示与观察

【实验目的】

（1）掌握微丝染色的原理与方法。

（2）熟悉荧光显微镜的使用方法。

（3）了解微丝的基本形态结构。

【实验原理】

鬼笔环肽是从担子类真菌死亡帽蘑菇（death cap mushroom）鬼笔鹅膏（*Amanita phalloides*）中分离出来的一种多肽，可特异性与真核生物的丝状的肌动蛋白（filamentous actin，F-actin）结合，从而阻止肌动蛋白解聚。微丝（microfilaments）是由肌动蛋白分子螺旋状聚合成的纤丝，鬼笔环肽最终可以破坏细胞内微丝的聚合-解聚动态平衡，而对细胞产生毒性。利用鬼笔环肽具有使微丝保持稳定这一生物学特点，使用荧光染料标记的鬼笔环肽可以非常方便地显示细胞内微丝的形态和分布，从而使微丝荧光探针广泛应用于生物、医学研究。

Actin-Tracker Green 是一种 Actin 绿色荧光探针，可以用于培养细胞或组织切片的 Actin 特异性荧光染色。Actin-Tracker Green 探针为荧光染料 Alexa Fluor 标记的鬼笔环肽（phalloidin，又称鬼笔毒素或毒蕈肽），即 phalloidin Alexa Fluor，最大激发波长为 495 nm，最大发射波长为 518 nm。Actin-Tracker Green 的荧光光谱和 FITC 比较接近，可以用 FITC 的检测条件进行检测。

【器材与试剂】

1. 器材

荧光显微镜、培养箱、移液器、离心管、培养皿和镊子。

2. 试剂

Actin-Tracker Green、PBS 溶液、用 PBS 配制的 3.7% 甲醛溶液、含有 5% BSA 和 0.1% Triton X-100 的 PBS 溶液、含有 0.1% Triton X-100 的 PBS 溶液。

【实验步骤】

(1) 清洗。吸去培养皿中的培养基后，用 PBS 洗涤培养皿中的细胞爬片 2 次，每次 2 mL。

(2) 固定。弃去洗涤液，用 PBS 配制的 3.7% 甲醛溶液室温固定细胞约 10 min，每孔 1 mL（甲醇可以破坏 actin，因此不能选用含有甲醇的固定液，并且尽量使用不含甲醇的甲醛）。

(3) 细胞膜打孔。弃去固定液，用含 0.1% Triton X-100 的 PBS 洗涤 2 次，每次 5 min，每次 1 mL。

(4) 避光配制染色液。用含 5% BSA 和 0.1% Triton X-100 的 PBS 按照 1∶200 的比例稀释 Actin-Tracker Green，例如 6 组共配制 6 mL，即加入 30 μL Actin-Tracker Green，稀释后的溶液即染色工作液。

注意：稀释比例可以根据实际染色效果进行适当调整。

(5) 染色。弃去洗涤液，把 Actin-Tracker Green 染色工作液按照每个片子约 900 μL 的比例滴加到片子上，室温避光孵育 20 min。

(6) 用含 0.1% Triton X-100 的 PBS 避光洗 3 次，每孔 1 mL。

(7) 镜检。在载玻片上加一滴 PBS，用镊子小心取出盖玻片反扣（生长有细胞的一面朝下），随后可以用荧光显微镜进行观察。为长期保存，可以在片子自然干燥后封片并于 4 ℃避光保存，保存时间长达 6 个月左右。

【观察结果】

将样品置于荧光显微镜下观察，蓝光激发，微丝呈细丝状，发黄绿色荧光（图 7-1）。

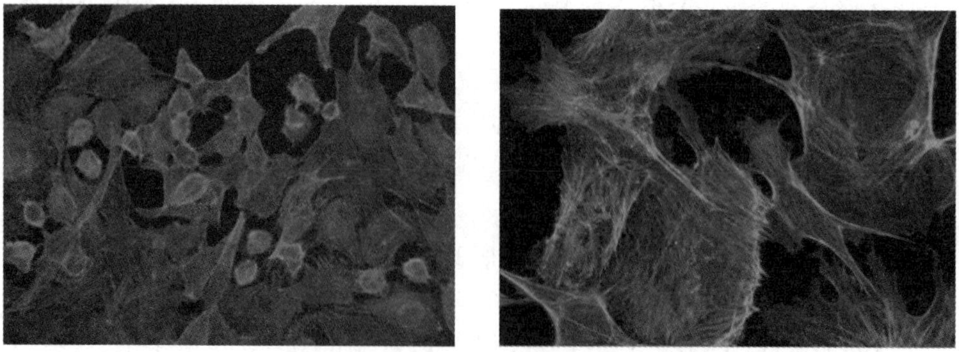

图 7-1 Actin-Tracker Green 染色 HeLa 细胞微丝的效果图

（左图为荧光显微镜拍摄；右图为荧光共聚焦显微镜拍摄）

【注意事项】

(1) 荧光染料均存在淬灭问题，标本染色后尽量注意避光，以减缓荧光淬灭。

(2) phalloidin 有一定毒性(LD50 为 2 mg/kg)，1 mL Actin-Tracker Green 中的 phalloidin 少于 0.2 mg，使用时请注意适当防护。

(3) 每步洗涤要充分，并吸去水分(但也不要干透)，以免稀释下一步的抗体或试剂，保证得到清晰的荧光图像。

【实验报告】

(1) 在低倍及高倍镜下观察微丝制片，并在实验报告中附上微丝形态照片。

(2) 总结荧光显微镜下微丝的分布特点。

思　考　题

1. 请你分析在本实验中造成标本制作不佳的原因有哪些?

2. phalloidin 染料具有细胞通透性吗? 能用于活细胞染色吗?

实验八　细胞的吞噬活动观察

【实验目的】

(1) 通过对小白鼠腹腔巨噬细胞吞噬鸡红细胞活动的观察,加深理解细胞吞噬作用的过程和意义。

(2) 掌握小白鼠腹腔注射给药方法和颈椎脱位处死法。

【实验原理】

在单细胞生物中,吞噬是作为摄取营养物质的一种主要方式而出现的。在高等动物中,吞噬是一种非特异性的免疫防护机制。当病原微生物或者其他异物(如实验中在小鼠腹腔注射的淀粉肉汤、鸡红细胞等)侵入机体的时候,巨噬细胞在趋化因子的作用下,成为游走的巨噬细胞,巨噬细胞由于趋化性会向异物处聚集,然后伸出伪足包围异物,并发生内吞作用,形成吞噬泡,将异物内吞入细胞质中,继而溶酶体和吞噬泡融合,最终将异物消化分解。

【器材、材料与试剂】

1. 器材

显微镜、解剖盘、剪刀、镊子、载玻片、盖玻片、注射器、吸管、吸水纸。

2. 材料

小白鼠。

3. 试剂

1%鸡红细胞悬液、生理盐水、Alsever 溶液、0.4%台盼蓝、6%的淀粉肉汤液(含台盼蓝)。

【实验步骤】

(1) 在实验前一天,给小白鼠腹腔注射 6%淀粉肉汤(含台盼蓝)1 mL。注射时,进针勿过深,否则易损害肝及血管等,造成出血致死。

(2) 实验时，每组取一只注射过淀粉肉汤的小白鼠。给小白鼠腹腔注射 1% 鸡红细胞悬液 1 mL，轻按小白鼠腹部，使悬液分散。

(3) 约 20 min 后，用颈椎脱位法处死小白鼠。

(4) 将小白鼠置于解剖盘中，剪开腹部，把内脏推向一侧，用吸管吸取腹腔液。

(5) 每人取一张干净的载玻片。滴一滴腹腔液，盖上盖玻片，置显微镜下观察。

【观察结果】

在视野中可观察到三类细胞：淡黄色、椭圆形、有核的鸡红细胞；大小不一圆形或不规则形的巨噬细胞，胞质内含数目不等的蓝色颗粒；圆形、双凹、无核的鼠红细胞。变换视野，可观察到吞噬的各个过程（图 8-1）。

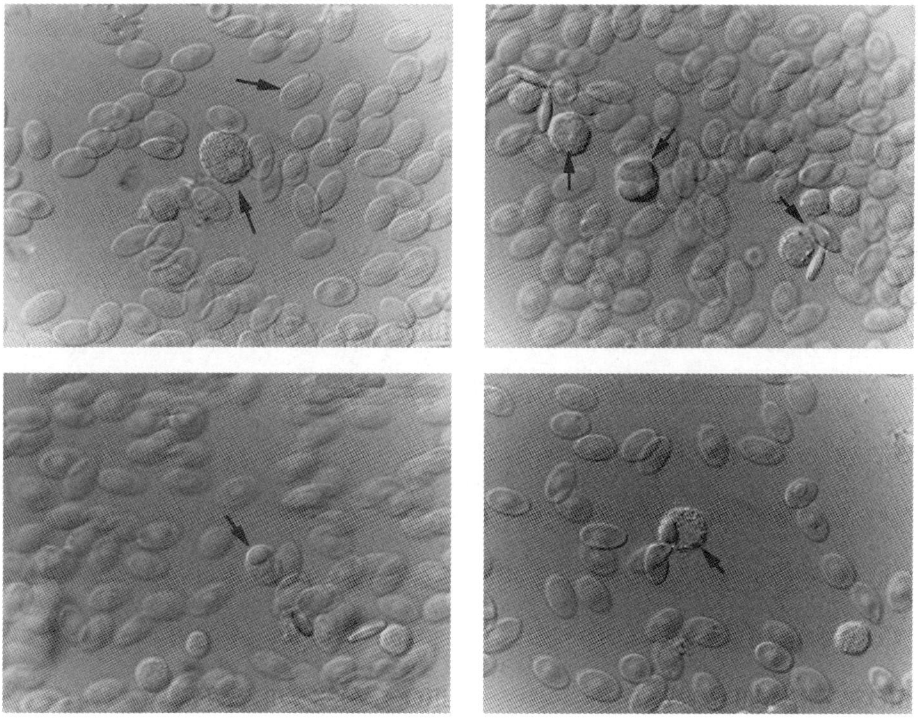

图 8-1　小鼠腹腔巨噬细胞吞噬鸡血红细胞过程

【注意事项】

在用注射器注射鸡红细胞悬浮液和用剪刀剪开小鼠腹腔时，尽量避开腹腔脏器，以免损伤血管引起出血，影响实验结果。

思 考 题

1. 实验前一天对小白鼠腹腔注射含台盼蓝淀粉肉汤的目的是什么？
2. 巨噬细胞内有哪几种结构对执行复杂的吞噬功能最为重要？

实验九　小鼠骨髓染色体标本制备及观察

【实验目的】

(1) 掌握小鼠骨髓细胞染色体标本制备技术。
(2) 熟悉动物细胞的滴片方法。
(3) 了解小鼠染色体的形态特征和染色体数目。

【实验原理】

染色体是遗传物质的载体，主要由DNA和蛋白质组成，易被碱性染料染成深色。染色体的形态结构包括染色体的长度、着丝点位置、臂长、随体大小等。不同物种的染色体都有各自特定的形态特征。

染色体显带是对染色体进行染色的过程，以帮助研究人员更好地了解和识别其结构组成。染色体组型分析是细胞遗传学研究的基本方法，染色体显带技术已广泛应用于染色体畸变分析、研究物种演化及癌症方面的研究，例如识别染色体异常和唐氏综合征等遗传疾病在很大程度上取决于染色体条带。

染色体可以从活组织的细胞中分离出来，包括血淋巴细胞、皮肤成纤维细胞、羊膜细胞、胎盘、骨髓和肿瘤标本。染色体在有丝分裂的中期阶段进行分析，此时染色体最浓缩，因此更清晰可见。染色体的制备最常用的途径是从骨髓细胞中制备，鼠四肢骨内骨髓细胞中的造血干细胞可以生成各种血细胞和原始细胞，具有高度的分裂能力，可直接进行染色体标本的制备。此方法不需要无菌操作，设备简单，所用时间较短，是研究小型哺乳动物等染色体的常用方法。

【器材、材料与试剂】

1. 器材

载玻片（玻片放入95%乙醇在4℃冰箱中浸泡24 h。取出用丝绸布擦干，放入4℃的蒸馏水中保存。使用前放入冰块，使用时切忌擦干）。双目显微镜，恒温水浴锅，台式离心机。

2. 材料

7～10 周龄的小鼠若干只。

3. 试剂

0.01%秋水仙素(将 0.01 g 秋水仙碱溶解在 100 mL 无菌蒸馏水中),Carnoy 固定液(甲醇∶冰醋酸＝3∶1,新鲜配制),0.075 mol/L 的 KCl 低渗液,Giemsa 染液,磷酸盐缓冲液(PBS,pH＝6.8),Giemsa 染液。

【实验步骤】

(1) 收集骨髓有核细胞:实验前 3～4 h,将鼠称重后按 0.1 mL/10 g 体重腹腔注射适量体积的秋水仙素。用颈椎脱臼法处死小鼠,用剪刀剥取后腿股骨和胫骨,去除附着肌肉和血污,再用骨钳剪去两端骨骺,用注射器抽取 PBS 缓冲液插入骨髓腔冲洗骨髓收集于 10 mL 离心管中,反复冲洗几次至骨腔变白为止。1 000 r/min 离心 8 min,去上清。

(2) 低渗处理:向沉淀中加入 8 mL 已 37 ℃预热的 0.075 mol/L KCl 低渗液,用吸管吹打均匀,置于 37 ℃水浴锅中 30 min。低渗结束前 1 min,向离心管中加入 1 mL 固定液进行预固定,然后 1 000 r/min 离心 8 min,吸去上清液。

(3) 固定:加入 8 mL 新鲜固定液,用吸管轻轻吹散细胞沉淀块,放入 37 ℃水浴锅中静置 20 min。

(4) 滴片:固定结束后,放入离心机中 1 000 r/min 离心 8 min,去上清,在留有细胞沉淀的离心管内加入 0.5 mL 固定液将细胞吹打均匀,取细胞悬液均匀滴于预冷的玻片上,吸管在距离玻片上方至少 30 cm 高处,每片滴 3～4 滴,悬液即在玻片上迅速展开,放玻片架自然晾干。

(5) 染色:新鲜配制的 Giemsa 原液用 PBS 缓冲液稀释(体积比为 1∶9),将晾干后的玻片置于此染液中染色 10～15 min,取出后用自来水冲洗,自然晾干。

(6) 镜检:将玻片置于显微镜下观察染色体制备情况,找出分裂相比较好的视野拍照,并计数染色体数目。

【观察结果】

小鼠的染色体为 $2n=40$,属端着丝粒染色体。在显微镜下,染色体被染成紫红色,胞浆完全不着色。效果较好的制片结果可看出,细胞与染色体分布均匀,染色体结构完整,呈"V"字形或"U"字形。各个染色体分布良好且易于辨别,长短收缩适中,着丝点显示清晰(图 9-1)。

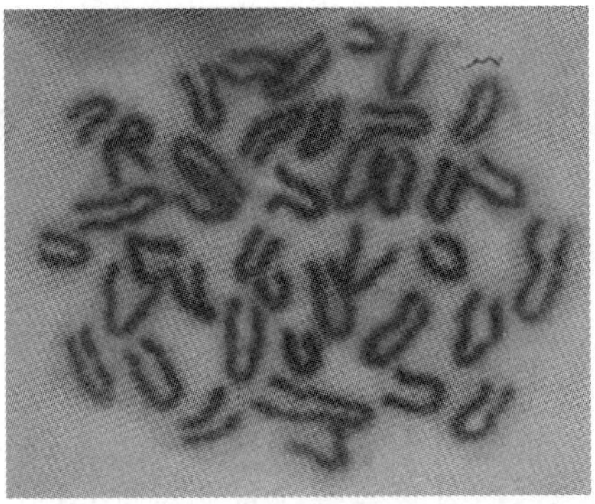

图 9-1　小鼠骨髓细胞染色体形态图（$2n = 40$，400×）

【注意事项】

（1）混匀细胞时注意吹打不能用力过猛，避免使细胞破碎、染色体提前释放而影响实验结果。

（2）注意离心速度不宜太高以免使细胞提前破碎，太低则可能损失细胞。

（3）滴片时保证一定的高度以便染色体能充分散开而不互相重叠。滴片高度在 30 cm 以下时，镜下可见细胞堆积，分散不均匀，染色体相互重叠。把高度提升到 30～40 cm 时，镜下可见分散比较均匀的细胞和染色体。另外，在滴片时应将玻片稍微倾斜避免细胞膨散出去，也便于染色体更好地分散开。

（4）染色时染液应现配现用，如果放置时间过长染液中染料就会沉降，杂质增加使染色效果下降。浸染方法需要将现配染液过滤，并且在染色期间染料和杂质容易附着在玻片上。

【实验报告】

（1）在低倍及高倍镜下观察染色体制片，寻找适当的中期相，并在实验报告中附上染色体形态照片；绘制小鼠的染色体核型图。

（2）通过对小鼠染色体标本进行观察，总结小鼠染色体的形态特征。

思　考　题

1. KCl 溶液低渗处理与滴片过程在染色体制片中有何联系？对制片结果各有何影响？

2. 请分析在本实验中造成染色体标本制作不佳的原因有哪些？

3. 小鼠细胞染色体显带技术还有什么改进方法？

实验十 细胞的有丝分裂与减数分裂观察

【实验目的】

（1）掌握动、植物细胞有丝分裂过程及各期特征。
（2）熟悉精细胞发生过程中减数分裂各期特征。

【实验原理】

有丝分裂是细胞分裂方式之一，真核细胞通过有丝分裂而增殖。有丝分裂的显著特征是形成由纺锤体、中心体和染色体等结构组成的临时细胞器——有丝分裂器，它起到了平均分配染色体到两个子细胞中去的作用。根据形态特征，可以人为地将有丝分裂过程分为前期、中期、后期和末期。

减数分裂是生殖细胞配子发生过程中特有的细胞分裂方式，即染色体复制一次，而细胞连续分裂两次，结果使染色体数目减半的过程。

稻蝗虫精巢中的每个初级精母细胞含 23 条染色体，即 $2n = 22 + X$，经过减数分裂形成 4 个精细胞，每个精细胞的染色体数为 $n = 11 + X$ 或 $n = 11$（注：蝗虫的性别决定与人类不同，雌性有两条 X 染色体，雄性为 XO，即只有一条 X 染色体，没有 Y 染色体），一般多通过它来研究观察减数分裂染色体形态变化。

减数分裂过程与有丝分裂基本相同，主要区别在于减数分裂前期 Ⅰ 历时长，染色体变化复杂。根据染色体形态特点，可把前期 Ⅰ 分为 5 个亚期：细线期、偶线期、粗线期、双线期和终变期。

【器材与材料】

1．器材

显微镜。

2．材料

洋葱根尖纵切片、马蛔虫子宫切片、蝗虫精巢切片。

【实验步骤】

1. 植物细胞有丝分裂的观察——洋葱根尖纵切片

观察时先用低倍镜找到根尖较前端生长点部位，此处细胞略呈方形，排列紧密，染色较深，该处可见到许多处于不同分裂期的细胞。转换高倍镜观察，可见间期及有丝分裂各期的细胞(图 10-1)。各期特点如下：

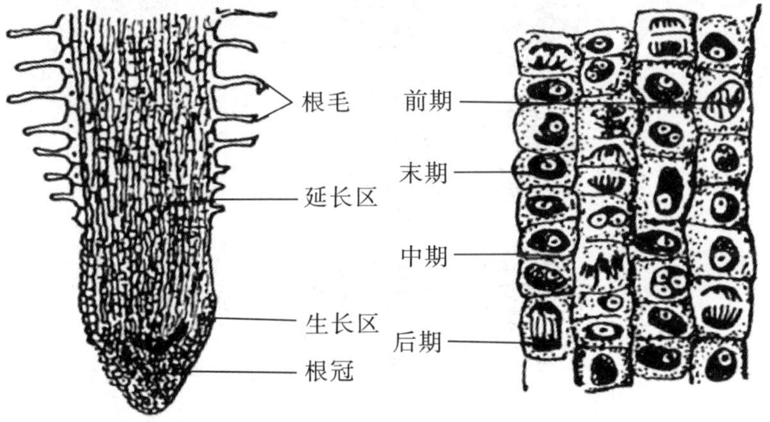

图 10-1　洋葱根尖有丝分裂

(1) 间期(interphase)。有明显的细胞核，染色质分布较均匀，呈细网状。由于染色质易与碱性染料结合，故细胞核的染色比细胞质更深。核中可见到 1～2 个染色较深的核仁。

(2) 前期(prophase)。核较间期膨大，核内染色质逐渐螺旋化为丝状的染色丝，其后染色丝进一步缩短变粗，形成一定形态和数目的染色体(这时的每条染色体由两条染色单体组成，但在光镜下一般不易看清)，核膜、核仁逐渐消失。

(3) 中期(metaphase)。中期染色体最粗，形态也最清楚，整齐地排列于细胞中央，形成赤道板。在赤道板的两面有许多纺锤丝连接细胞两极和染色体的着丝点，称为纺锤体。

(4) 后期(anaphase)。着丝粒纵裂为二。这时，每条染色体的两条染色单体已完全分开，由于纺锤丝的牵引，分别向细胞的两极移动，形成了数目相等的两组染色体。

(5) 末期(telophase)。染色体移到两极并解旋为染色质，纺锤体消失，核膜、核仁重新出现，形成两个细胞核。细胞中部的纺锤丝(微管)融合成细胞板，进而形成细胞壁，分隔细胞质，形成两个子细胞。

2．动物细胞有丝分裂的观察——马蛔虫子宫切片

取马蛔虫的子宫切片标本，先在低倍镜下观察，可见马蛔虫子宫腔内有许多椭圆形的受精卵细胞，它们均处在不同的细胞时期。每个卵细胞都包在卵壳之中，卵壳与卵细胞之间的腔，叫卵壳腔。细胞膜的外面或卵壳的内面可见有极体附着（图 10-2）。寻找和观察处于分裂间期和有丝分裂不同时期的细胞形态变化，并转换高倍镜仔细观察。

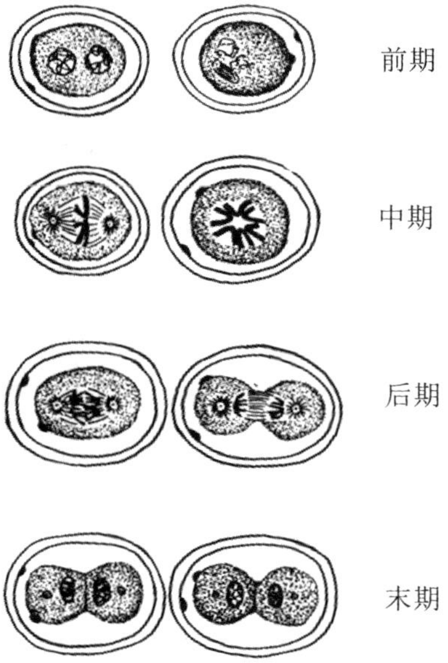

图 10-2　马蛔虫受精卵的有丝分裂

（1）间期。细胞质内有两个近圆形的细胞核，一为雌原核，另一为雄原核。两个原核形态相似不易分辨，核内染色质分布比较均匀，核膜、核仁清楚，在受精卵膜内侧，有一深染小体，为第一极体，在受精卵边缘，也有一小体，为第二极体。

（2）前期。核膨大，两个中心粒彼此分离，并向两极移动。可见星射线。核中染色质逐渐浓缩形成染色体，至前期末，核膜、核仁消失。

（3）中期。两个中心粒移到细胞两极，两极间的星射线形成纺锤体，染色体位于纺锤体中央。从极面观察，可见染色体排列如菊花样，从侧面观察，染色体呈分叉横线状。

（4）后期。着丝粒纵裂，由于纺锤丝的牵引，姐妹染色单体向两极移动。后期，细胞中部细胞膜缢裂凹陷。

（5）末期。到达两极的染色体逐渐解旋为染色质，核膜、核仁重新出现。细胞膜的凹缢加深，最后分为两个子细胞。

3. 减数分裂的观察——蝗虫精巢压片

蝗虫精巢是由多条圆柱形的精细管组成的，每条精细管由于生殖细胞发育阶段的差别可分成若干区，良好压片可见到从游离的顶端起始到依次为精原细胞、精母细胞、精细胞及精子等各发育阶段的区域(图 10-3)。

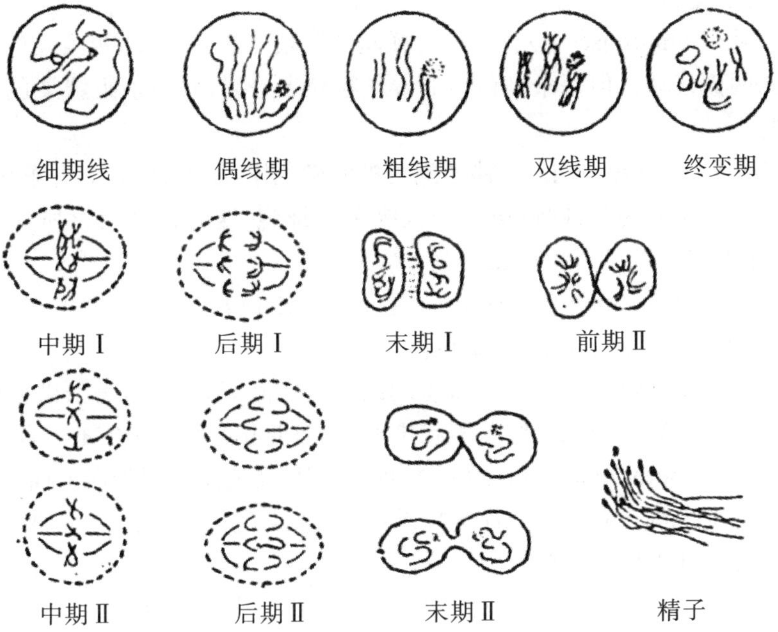

图 10-3　减数分裂过程

(1) 精原细胞(spermatogonia)。位于精细管的游离端，胞体较小，由有丝分裂来增殖，其染色体较粗短、染色较浓。

(2) 减数分裂Ⅰ(meiotic division Ⅰ)。减数分裂Ⅰ是从初级精母细胞到次级精母细胞的一次分裂。

① 前期Ⅰ(prophase Ⅰ)。在减数分裂中，以前期Ⅰ最具特征核的变化也最复杂，依染色体变化，又可分为下列各期：

细线期(leptotene stage)。染色体呈细长的丝，称为染色线。弯曲绕成一团，排列无规则，染色线上有大小不一的染色粒，形似念珠，核仁清楚。

偶线期(zygotene stage)。同源染色体开始配对，同时出现极化现象，各以一端聚集于细胞核的一侧，另一端则散开，形成花束状。

粗线期(pachytene stage)。每对同源染色体联合完成，缩短成较粗的线状，称为双价染色体，因其由四条染单体组成，又叫四分体。

双线期(diplotene stage)。染色体缩得更短些，同源染色体开始有彼此分开的趋势，但因两者相互绞缠，有多点交叉，所以这时的染色体呈现麻花状。

终变期(diakinesis)。染色体更为粗短，形成Y、V、O等形状，终变期末核膜、核仁消失。

② 中期Ⅰ(metaphase Ⅰ)。核膜和核仁消失，纺锤体形成，双价染色体排列于赤道面，着丝点与纺锤丝相连。这时的染色体组居细胞中央，侧面观察呈板状，极面观察呈空心花状。

③ 后期Ⅰ(anaphase Ⅰ)。由于纺锤丝的解聚变短，同源的两条染色体彼此分开，分别向两极移动。但每条染色体的着丝粒尚未分裂，故两条姐妹染色单体仍连在一起同去一极。

④ 末期Ⅰ(telophase Ⅰ)。移动到两极的染色体，呈聚合状态，并解旋，同时核膜形成，胞质也均分为二，即形成两个次级精母细胞，这时每个新核所含染色体的数目只是原来的一半。到此减数分裂Ⅰ结束。

(3) 减数分裂Ⅱ(meiotic divisison Ⅱ)。减数分裂Ⅱ类似一般的有丝分裂，但从细胞形态上看，胞体明显变小，染色体数目少。

① 前期Ⅱ(prophase Ⅱ)。末期Ⅰ的细胞进入前期Ⅱ状态，每条染色体的两个单体呈现分开的趋势，染色体像花瓣状排列，使前期Ⅱ的细胞呈实心花状。

② 中期Ⅱ(metaphaseⅡ)。纺锤体再次出现，染色体排列于赤道面。

③ 后期Ⅱ(anaphaseⅡ)。着丝粒纵裂，每条染色体的两条单体彼此分离，各成一子染色体，分别移向两极。

④ 末期Ⅱ(telophaseⅡ)。移到两极的染色体分别组成新核，新细胞的核具单倍数(n)的染色体组，胞质再次分裂，这样，通过减数分裂每个初级精母细胞就形成了四个精细胞。

(4) 精子形成。在两次精母细胞分裂过程中，各种细胞器，如线粒体、高尔基体等也大致平均地分到四个精细胞中，精细胞经一系列地分化成熟为精子。镜下精子头部呈梭形，由细胞核及顶体共同组成，尾部细长呈线状。

思 考 题

1. 说明动、植物细胞有丝分裂的区别。
2. 总结有丝分裂与减数分裂过程的异同点。

实验十一　培养器皿的清洗与消毒

【实验目的】

(1) 掌握细胞培养所需器械、器皿的清洗与消毒方法。
(2) 掌握细胞培养常用器材的包装要领和要求。
(3) 掌握干热灭菌法、湿热灭菌法和过滤除菌法的操作。
(4) 了解化学消毒法的使用。

【实验原理】

清洗与消毒是组织培养实验的第一步,是组织培养中工作量最大,也是最基本的步骤。体外培养细胞所使用的各种玻璃或塑料器皿对清洁和无菌的要求程度很高。细胞培养不好与清洗不彻底有很大关系。清洗后的玻璃器皿,不仅要求干净透明、无油迹,而且不能残留任何物质。如有毒的化学物质,哪怕残留百万分之一毫克,也可能影响细胞生长。灭菌手段的选择十分重要,对不同的物品需采用不同的灭菌方法。假如选用的方法不对,即使达到了无菌却使被灭菌物品丧失了营养价值、生物学特性或其他使用价值。以下在每种灭菌方法中都介绍其使用范围。

【器材与试剂】

1. 器材

移液管、离心管、培养瓶、玻璃瓶、培养皿、大橡皮塞、培养瓶盖、眼科剪、眼科镊、超净工作台、干燥箱、高压蒸汽消毒锅、过滤器、过滤泵、无臭氧型紫外灯、微孔滤膜(孔径为 0.22 μm)。

2. 试剂

75%酒精、0.2%新洁尔灭、高锰酸钾、重铬酸钾、浓硫酸。

【实验步骤】

一、清洗

1. 玻璃器皿的清洗

玻璃器皿清洗后不仅要求透明、无污迹，而且不能残留任何物质。某些化学物质哪怕残留百万分之一毫克，都会对细胞产生毒性作用。因此清洗质量的好坏直接影响到细胞培养成功与否，必须严格按照清洗的程序进行，以保证达到清洗的目的。一般玻璃器皿清洗的程序包括浸泡、刷洗、浸酸和冲洗四个步骤。

(1) 浸泡。初次使用和培养用后的玻璃器皿都需先用清水浸泡，以使附着物软化或溶解。新的玻璃器皿使用前应先用自来水简单刷洗，然后用5%稀盐酸溶液浸泡过夜，以中和其中的碱性物质。用过的玻璃器皿往往粘有大量蛋白质，干燥后不易刷洗掉，故用后应立即浸入清水中刷洗。

(2) 刷洗。将浸泡后的玻璃器皿放到洗涤水中，用软毛刷反复刷洗，注意不留死角，洗后晾干备浸酸。

(3) 浸酸。刷洗不掉的微量杂质经过清洁液的强氧化作用后，可被除掉，而且清洁液对玻璃器皿无腐蚀作用，去污能力很强。这是清洗过程中关键的一环。清洁液是由重铬酸钾、浓硫酸和蒸馏水按一定比例配制而成的。浸泡时，器皿要充满清洁液，勿留气泡。浸泡时间不应少于6 h，一般应浸泡过夜。

清洁液一般可配制三种强度，配方如下：

［强液］

重铬酸钾	63 g
浓硫酸	1 000 mL
蒸馏水	200 mL

［次强液］

重铬酸钾	120 g
浓硫酸	200 mL
蒸馏水	1 000 mL

［弱液］

重铬酸钾	100 g
浓硫酸	100 mL
蒸馏水	1 000 mL

配制清洁液时，应注意安全，须穿戴耐酸手套和围裙，注意保护好面部和身体裸露部分。配制过程中，可使重铬酸钾溶于水中(有时不能完全溶解，可加热使其

溶解)。待重铬酸钾溶液冷却后,慢慢加入浓硫酸(工业用酸即可)。

注意:只能将浓硫酸缓慢加入水溶液中,若注入过急则产热量大,易发生危险,切忌反向操作,以免浓硫酸溅出伤人。配制容器应用陶瓷或耐酸塑料制品。配成后的清洁液呈棕红色,经长时间使用后,因有机溶剂和水分增多渐变成绿色,表明已失效,应重新配制。旧清洁液仍有腐蚀作用,严禁乱倒,宜深埋土中。

(4) 冲洗。刷洗和浸酸后都必须用水充分冲洗,使之不留任何残迹。冲洗宜用洗涤装置,亦可用手工操作,每瓶都得用水灌满,倒掉,重复 15 次以上,最后再用蒸馏水漂洗 2～3 次,晾干备用。

2. 橡胶制品的清洗

新购置的橡胶制品带有大量滑石粉,应先用自来水冲洗干净后,再做常规清洗处理。常规处理方法是:每次使用后的橡胶制品都要置入水中浸泡,以便集中处理和避免附着物干涸,然后用 2% NaOH 液煮沸 10～20 min,以除掉培养中的蛋白质。自来水冲洗后,再用 1%稀盐酸浸泡 30 min,最后用自来水和蒸馏水各冲洗 2～3 次,晾干备用。用过的胶塞的清洗方法基本同清洗玻璃器皿,但胶塞刷洗的重点部位是胶塞使用面,应逐个刷洗。

3. 塑料制品的清洗

塑料制品的特点是:质地软、不耐热。目前常用的塑料制品是经过消毒灭菌密封包装的商品,用时打开包装即可,是一次性使用物品。必要时,用后经过清洗和无菌处理后,也可反复使用 2～3 次,但不宜过多。清洗程序为使用后应即刻浸入水中严防附着物干涸,不宜用毛刷刷洗,以防划痕出现,如残留有附着物可用脱脂棉轻轻擦拭,用流水冲洗干净,晾干,再用 2% NaOH 液浸泡过夜,用自来水充分冲洗,然后用 5%盐酸溶液浸泡 30 min,随后用自来水冲洗干净,再用蒸馏水漂洗 5～6 次,晾干后备用。

4. 金属器具的清洗

组织细胞培养所用金属器具主要是一些手术刀、剪、镊子、针等,这些器具使用后应立即用酒精擦洗干净,晾干后备用。

二、包装

包装的目的是防止器皿器具消毒灭菌后再次遭受污染,所以这些培养用品在消毒处理前要经严格的包装。清洗后的器皿可先放入鼓风干燥箱中烘干(塑料和橡胶制品不能放入干燥箱),或置于通风无尘处自然晾干,然后包装起来,再做消毒处理。包装后的器皿应便于消毒和储存。包装材料常用牛皮纸、棉布和棉线等,包装后的培养用品装入铝饭盒或不锈钢饭盒及金属制的消毒筒内。

三、器皿器具及环境的消毒

对组织细胞培养实验最危险的是发生细菌、真菌和病毒等微生物的污染，它们能直接影响实验结果。污染主要是操作者的疏忽引起的，如操作台表面或周围空气不洁、培养器皿器具和培养液消毒灭菌不彻底或存放过久等。有时一两个培养物发生污染，可能累及整个实验室，不得不防。因而，组织细胞培养的每个环节都应采取严格的消毒措施，以防止发生污染。消毒灭菌方法因物品材质及环境的不同而异。消毒方法分为三类：即物理消毒法、化学消毒法和抗生素消毒法。

1. 物理消毒法

(1) 高温湿热消毒。即高压蒸汽消毒，实验室一般采用高压灭菌锅消毒，是最有效的方法之一。适合于玻璃器皿、金属器具、橡胶制品、布质类以及耐热的无机离子平衡液等的消毒。其方法是先将消毒锅洗净，放入适量的水（水面必须盖过电热管，以防电热管干裂）。然后将所需消毒的物品放入消毒锅，消毒物品不能装得太满，以保证消毒器内气体的流通，消毒瓶装液体时，橡皮塞与瓶口之间要加一根通气线，防止瓶内气体受压将瓶塞崩出。加上消毒锅盖，拧紧螺栓防止漏气。在加热升压之前，先要打开排气阀门，排出残留在锅内的冷空气，因此，导气管一定要插到锅底并不能堵塞。关闭排气阀门，继而开始升压，当达到所需的压力时，通过调节火力大小，使压力稳定在所需数值后开始计算时间。灭菌后不要立即打开气阀放气以免水气喷出。要让其自然降温降压至 0 磅，才能打开气阀。消毒过程中，消毒者不能离开岗位，要经常检查压力是否恒定，如有偏离应及时调整。一般消毒锅都装有安全阀门，但还是以不超安全限为好，以免影响消毒物品化学性质和发生其他意外。各种物品有效消毒压力和时间不同，一般要求如下：

培养用液、橡胶制品	8 磅 30 min
布类、玻璃器皿、金属器具等	15 磅 20 min

(2) 干热消毒。实验室一般采用干燥箱进行，适用于玻璃器皿的干燥消毒，由于干热传导慢，因此需要升温到 160 ℃并保持 90～120 min，才能杀死细菌芽孢，达到消毒目的。消毒后不要立即打开箱门，以防冷空气骤然进入引起玻璃炸裂，影响消毒效果。

(3) 过滤消毒。大多数培养用液，如人工合成培养液、血清、酶溶液等，在高温下会发生变性，失去其生物学功能，必须采用过滤法除菌。实验室一般主要采用 Zeiss 滤器。Zeiss 滤器为不锈钢结构，中间可夹一层滤膜，由纤维素制成，质地均匀，有 0.60 μm、0.45 μm 和 0.22 μm 等几种规格，常用孔径 0.22 μm 滤膜过滤一般培养用液而除菌。

注意：过滤器必须经过湿热消毒，操作过程中，必须将过滤器放在超净工作台上进行，以免发生污染。

(4) 紫外线消毒。紫外线消毒法方便、效果好，是实验室常用的消毒法，适用于消毒空气、操作台表面和一些不能使用其他方法进行消毒的培养器具(如少量的塑料培养皿、培养板等)。培养室的紫外线灯应距地面 2.5 m，使得每平方厘米有 0.06 μW 能量的照射，才能发生有效的消毒作用。消毒时物品要相互分开，避免遮挡紫外线的照射。

注意：由于紫外线照射时会产生臭氧以及对细胞、培养液、包括人体都有一定的损伤作用，因此不要一边照射一边操作，以免受伤。照射 30 min，可达灭菌效果。

(5) 熏蒸消毒。当遇到细胞培养出现多次污染，或实验室两个月一次的常规消毒，均可以用高锰酸钾 5～7.5 g，加甲醛(40%)10～15 mL，混合放入一开放容器内，立即可见白色甲醛烟雾，消毒房间需封闭 24 h。

(6) 煮沸消毒。它的优点是简便迅速，缺点是湿度大，消毒后物品不适于长时间保存，这种方法适宜于临时需要消毒的耐热物品，如金属器具和注射器等在水中煮沸 20～30 min，趁热倒去水分即可使用。但金属器具煮沸后宜马上使用，以防器具生锈。

2. 化学消毒法

化学消毒剂，包括新洁尔灭、来苏儿、过氧乙酸和酒精等。主要适用于那些无法用其他方法消毒的物品，如操作者的皮肤、操作台面及无菌室内的桌椅、墙壁和空气等(可与紫外线配合消毒，互相取长补短)。实验室最常用的化学消毒剂是 0.2%新洁尔灭和 70%的酒精，这些消毒剂对皮肤和细胞毒性小，尤其对那些瓶皿开口部位的消毒，效果很好。过氧乙酸是新近推出的一种消毒剂，消毒能力极强，0.5%浓度，在 10 min 即可将芽孢杀灭，可以用作各种物品的表面消毒，使用时需用水稀释后用喷洒和擦拭的方法消毒。

3. 抗生素消毒法

抗生素消毒作用主要是抑制液体内的细菌繁殖，因此适用于细胞培养用液的消毒，延长培养用液的有效期。抗生素种类很多，实验室常用的是青、链霉素混合液也称“双抗”液，其抑菌效果很好。

【观察结果】

(1) 填写表 11-1 各种瓶皿的清洗方法，并根据老师安排进行清洗。

表 11-1 各种瓶皿的清洗方法

瓶 皿 种 类	清洗步骤	注意事项
新玻璃器皿		
旧玻璃器皿		
胶塞		
塑料制品		
离心管、加样器吸头		

(2)填写表 11-2 消毒和灭菌处理方法,并根据老师安排进行消毒。

表 11-2 消毒和灭菌处理方法

消毒和灭菌方式	消毒和灭菌步骤	注意事项
紫外线消毒		
干热灭菌		
湿热灭菌		
过滤除菌		

【注意事项】

(1) 清洗玻璃制品时,浸酸之后一定要用自来水冲洗 10～15 次。因为残存的洗液对细胞黏附有很大影响。清洗塑料制品时要用棉花或柔软纱布擦洗。千万不要用硬毛刷,否则损害塑料表面后细胞不易贴壁。如没有洗净会影响下一次使用的效果。

(2) 干热灭菌时,应在白天使用烤箱,并不断观察,以免发生意外。当温度超过 100 ℃时,不能再打开烤箱门。器皿烤完后,待温度降至 100 ℃以下才能开烤箱门。金属器械和橡胶、塑料制品不能使用干热灭菌方法。

(3) 高压灭菌后器皿务必晾干或烘干,以防包装纸潮湿发霉。

(4) 牛血清、大部分培养基、胰酶和一些生物制剂(如秋水仙素、谷氨酰胺、异硫氰酸胍等)是有机溶液,均不能使用高压蒸汽消毒方法。

(5) 过滤除菌时,滤器在使用前先装好滤膜(有时可在上面加一层定性滤纸),包好,经高压灭菌后才能使用。过滤酶类制剂时应待滤器温度降至室温下再进行。过滤时压力不宜过大,压力数字以 2 为宜。压力太大时微孔滤膜可能破裂,或使某些微生物变形而通过滤膜。装滤膜时位置要准确。另外滤器包装时,螺钉不要拧得太紧,以防高压蒸汽不能进入,待高压灭菌之后,再拧紧使用。

（6）使用化学消毒法时，配制75%酒精应用优级纯，不要用化学纯、分析纯和优质纯酒精。来苏儿水不能用于皮肤消毒，它对皮肤有刺激性。空气消毒时，所有的物品要事先准备齐全并使消毒者有较方便的退出途径，因为甲醛或乳酸加热后放出的蒸汽对人的角膜和呼吸道上皮有严重的刺激和伤害作用。

思　考　题

1. 哪些物品适合高压灭菌？说明理由。
2. 紫外线消毒的适用范围和目的是什么？

实验十二　细胞培养试剂用液的配制与消毒

【实验目的】

（1）熟练掌握各种细胞培养用液的配制方法。

（2）掌握常见试剂的配制及除菌法的操作。

【实验原理】

（1）物质浓度的计算。以单位体积溶液里所含溶质 B 的物质的量来表示溶液组成的物理量，叫作溶质 B 的物质的量浓度（表 12.1）。

（2）表达式。物质的量浓度 = 溶质的物质的量/溶液的体积，即

$$c_B = n_B/V$$

（3）单位：mol/L 或 mol/m^3 或 mmol/L 等。

表 12.1　实验步骤与实验仪器

实验步骤	实验仪器
一定物质的量浓度配置溶液 → 概念本身 → 可测量：溶质质量；溶液体积	
计算 ↓	
称量 ↓	托盘天平/药匙
溶解 ↓	容量瓶/玻棒
转移 ⇄ 洗涤 ↓	容量瓶/玻棒
定容 ↓	胶头滴管
摇匀 ↓	
装瓶贴签	试剂瓶/标签

【器材与试剂】

1. 器材

电子天平(称量药品)、pH计(测量培养用液pH)、磁力搅拌器(配置溶液时搅拌溶液)、纯净水系统、容量瓶、量筒、烧杯等。

2. 试剂

干粉型培养基、RPMI 1640、D-Hanks液、胰蛋白酶、青霉素、链霉素、小牛血清、双蒸水、三蒸水等。

【实验步骤】

1. D-Hanks液配制(也可用于其他,如:Hanks液、PBS的配制)

先配D-Hanks原液。

NaCl	8.0 g
$Na_2HPO_4 \cdot 2H_2O$	0.06 g
KCl	0.4 g
KH_2PO_4	0.06 g
蒸馏水	100 mL

配制时,按配方顺序逐一用水彻底溶解,必须在前一药品完全溶解之后,才能加入下一种药品,原液暂时不用可置冰箱4℃保存。

再配D-Hanks使用液。

D-Hanks原液	10 mL
蒸馏水	90 mL

加5% $NaHCO_3$,调整pH至7.2。

将配好的D-Hanks使用液,分装,包扎瓶口,经8磅30 min或10磅15 min灭菌后,置4℃冰箱备用。使用前加双抗于D-Hanks使用液中,浓度为1%。

2. 0.25%胰蛋白酶液配制

胰蛋白酶	0.25 g
D-Hanks使用液	100 mL

先用少量D-Hanks液把胰蛋白酶粉末调成糊状,再加D-Hanks液溶解,用5% $NaHCO_3$调pH至7.6～7.8,用D-Hanks液定容至100 mL。过滤除菌,分装小瓶,置冰箱中−18℃冰冻保存。

3. RPMI 1640培养基配制

将干粉型RPMI 1640培养基溶于总量1/3的三蒸水中,再用1/3水冲洗包装袋2次,倒入培养基中,以保证所有干粉都溶解成培养液,搅拌使其溶解。根据产品说明的要求,实验补加谷氨酰胺和 $NaHCO_3$,过滤除菌,分装后置4℃冰箱保存备用。

使用前调pH至7.0,加双抗于培养液中,浓度为1%。使用时加小牛血清。

4. 小牛血清的处理

市场上出售的小牛血清一般都做了灭菌处理,但在使用前还应做热灭活处理,即通过加热的方法破坏补体。将小牛血清放入56℃水浴中30 min,其间要不时轻轻晃动,使受热均匀,防止沉淀析出。

5. 双抗溶液配制

(1) 青霉素1瓶(80万单位)加4 mL灭菌的D-Hanks液,即成20万单位/mL溶液。

(2) 链霉素1瓶(100万单位)加5 mL灭菌的D-Hanks液,即成20万单位/mL溶液。

取(1)和(2)溶液各0.5 mL混合,加入9 mL灭菌的D-Hanks液,则含青、链霉素各1万单位/mL,分装后置冰箱4℃保存备用。

【注意事项】

(1) 配制溶液时必须用新鲜的蒸馏水。

(2) 安装Zeiss滤器时通常使用孔径0.45 μm和0.22 μm滤膜各一张,放置位置为0.45 μm的位于0.22 μm的滤膜上方,并且要特别注意滤膜光面朝上。

(3) 配制RPMI 1640培养基时因为还要加入小牛血清,而小牛血清略偏酸性,为了保证培养液pH最终为7.2,可在配制时调pH至7.4。

(4) 配制前首先要保证每种成分都是合格的。

① 水的质量很关键,最少是三蒸水,电阻率在(0.1~1.0)× 10^{-6} Ω·cm以上。

② 血清等其他营养成分注意看是否在保质期内。

(5) 配制时各成分最好是分开来配,用之前混合好,一周之内用完。

① 最基本的成分配好过滤后分装放置4℃冰箱内。

② 血清使用之前再按比例加入。

③ 抗生素也应分装保存,用之前加入。

④ 如果配方要求加谷氨酰胺,由于谷氨酰胺在溶液中很不稳定,应置于冰箱中−20℃保存,在使用前加入培养液内。已含谷氨酰胺的培养液在冰箱中4℃储存两周以上时,还应重新加入原来量的谷氨酰胺。

思　考　题

1. 如何根据培养物品的质地和培养环境，选择不同的消毒方法？
2. 在细胞培养操作过程中，如何加强无菌操作的观念避免污染？
3. 组织块培养时，翻转培养瓶的时间不宜过长，为什么？
4. 统计分析实验结果并说明本次实验成功或失败的原因。

实验十三　细胞的原代培养

【实验目的】

（1）掌握动物细胞原代培养的原理及其方法。

（2）熟悉消化法培养和组织块培养法的基本操作步骤。

（3）掌握原代培养中取材、消化及细胞无菌培养等基本实验操作技术。

【实验原理】

原代培养（primary culture）是指直接从机体取出组织或细胞后所进行的首次培养。由于细胞刚刚从活体组织分离出来，故更接近于生物体内的生活状态。这一方法可为研究生物体细胞的生长、代谢、繁殖提供有力的手段，同时也为以后传代培养创造条件。此方法还可直接服务于临床实践，例如，用从手术中切除的肿瘤细胞进行原代培养，然后用该培养细胞进行抗癌药物的筛选，根据肿瘤细胞对加入的化疗药物的敏感性来帮助选择最有效的化疗方案，有可能起到增强疗效、降低副作用的效果。原代培养可分为消化法和组织块培养法，这里统一做介绍。

1. 培养细胞生长的条件

（1）细胞的营养需要。① 基本营养物质：氨基酸、维生素、碳水化合物及一些无机离子；② 促生长因子等物质；③ 此外，激素也有助于细胞生长。

培养液（medium）：培养基（培养液）是维持体外细胞生存和生长的溶液，分天然培养基和合成培养基。天然培养基是指来自动物体液或利用组织分离提取的一类培养基，如血浆、血清、淋巴液、鸡胚浸出液等。但是由于天然培养基制作过程复杂、批间差异大，因此逐渐被合成培养基所替代。合成培养基是对细胞体内生存环境中各种已知物质在体外人工条件下的模拟，如 DMEM、RPMI 1640 和 Ham F12 等。

（2）细胞的生存环境。①温度：适宜的温度与取材的动物种类有关，一般的细胞培养温度都是在 37 ℃左右；② 气相：5% CO_2，pH：7.2～7.4。

（3）无菌无毒细胞培养环境。无菌无毒的操作环境和培养环境是保证细胞在体外培养成功的首要条件。在体外培养的细胞由于缺乏对微生物和有毒物质的防御能力，一旦被微生物或有毒物质污染或者自身代谢物质积累，可导致细胞中毒死亡。因此，在体外培养细胞时必须保持细胞生存环境无菌无毒，及时清除细胞代谢产物。

2．培养细胞的生长方式

（1）贴附生长。必须贴附于支持物表面才能生长。见于各种实体肿瘤细胞。

（2）悬浮生长。于悬浮状态下即可生长，不需要贴附于支持物表面。如各种造血系统肿瘤细胞。

【器材、材料与试剂】

1．器材

CO_2培养箱、超净工作台、恒温水浴箱、普通离心机、倒置相差显微镜、高压蒸汽消毒锅、除菌滤器、真空泵、解剖剪、解剖镊、培养瓶、培养皿、吸管、小烧杯、离心管、血球计数板、吸管橡皮头、酒精灯、试管架、废液缸、棉球。

2．材料

胎鼠或新生鼠。

3．试剂

1640 培养液（含 20%小牛血清）、0.25%胰蛋白酶液、D-Hanks 液、小牛血清、0.4%的台盼蓝染液、双抗（青霉素和链霉素）、75%酒精、2%碘酒。

【实验步骤】

1．消化法培养的基本操作

（1）操作者进入无菌室前先用肥皂洗净双手，手和临时带进无菌室的物品、工具等均用新洁尔灭浸泡消毒 2 min。

（2）将胎鼠或新生鼠处死，然后用 75%酒精浸泡消毒数秒，迅速带入无菌室。

（3）将胎鼠或新生鼠置超净工作台上，使其背部朝上，用碘酒棉球擦洗背部的背毛，然后再用酒精棉球擦拭碘酒擦过的部位。

（4）在腰部的后缘，用解剖镊提起皮肤，用解剖剪剪开皮肤，用镊子将剪开的皮肤拉向两侧。用解剖剪剪开背部的肌肉，此时，即可见蚕豆状的肾脏，用镊子取出肾脏，放于无菌的已加入 D-Hanks 液的培养皿中。

（5）用 D-Hanks 液洗涤肾脏，将肾外膜剪破，去肾外膜及脂肪，剪去肾盂部分，用 D-Hanks 液洗涤肾脏，将洗过的肾脏转移至另一无菌培养皿中，用眼科剪将肾脏剪成 1 mm^3的小块，组织块的大小要尽量一致。再用 D-Hanks 液漂洗两次，直到液体澄清。

（6）将清洗过的 D-Hanks 液吸掉，按组织块体积的 5～6 倍量加入0.25%的胰蛋白酶溶液，将其吸入无菌的离心管中，置于 37 ℃ 水浴消化。消化时间在 30 min 左右。每隔 5 min 摇动一次，以便组织块分散开，以利继续消化，直至组织块变得松散，颜色略发白为止。

(7) 从水浴中取出离心管，将组织块连同胰蛋白酶液倒入一无菌培养皿中，加入一定量的含 20%小牛血清的培养基，用吸管反复吹打，直到大部分组织块均分散成细胞悬液为止。

(8) 然后用吸管小心吸取悬液入离心管(注意不要吸入组织块)，以 1 000 r/min 的速度离心 5 min。弃去上清液，在离心管中加入一定量的培养液，打匀后吸取少量的细胞悬液进行稀释(根据细胞悬液的浓度决定)、计数。

(9) 取一副血球计数板，进行细胞计数。悬液滴入计数室后，静止 2～3 min，待细胞在计数室中下沉后，再在低倍镜下观察计数(数计数板四角的大方格内的细胞总数。压在格子线上的细胞，根据“数上不数下，数左不数右”的原则进行计数)。然后按下式计算：

每毫升细胞悬液中的细胞数为：

$$细胞数/mL = 4\ 大格中的细胞总数/4 \times 10^4 \times 稀释倍数$$

(10) 将细胞悬液用培养液稀释至 5×10^5/mL 的细胞浓度，每个培养瓶装 4 mL培养液，盖好橡皮塞，放入 37 ℃ CO_2 培养箱中培养，直至细胞铺满。

2. 组织块法培养的基本操作

(1)～(5) 步操作同消化法培养。

(6) 用镊子将组织块移入培养瓶中，并均匀地分布在培养瓶内壁表面，翻转培养瓶，并在培养瓶内加入 3 mL 培养液，盖上培养瓶盖，放入 37 ℃ CO_2 培养箱中培养。

(7) 4 h 后，再翻转培养瓶，将组织块浸入培养液中继续静止培养，直至细胞铺满。

【观察结果】

(1)组织块法培养细胞的观察。培养 24 h 后，倒置显微镜下可观察到少量的细胞从组织块边沿游离出来；48 h 后，可见大量的细胞放射状排列在组织块周围，这些细胞的细胞核较大，细胞质内含物少，透明度高，彼此间排列紧密。靠近组织块的细胞胞体较小、较圆，离组织块较远的区域可见有多角形的细胞，体积较大，有些细胞的形态介于圆形与多角形之间。

(2) 胰蛋白酶消化法培养细胞的观察。在倒置显微镜下，可见刚接种于培养瓶中的细胞胞体均呈圆形，悬浮于培养液中。24 h 后，大多数细胞已贴附于培养瓶底部，胞体伸展，重新呈现出其肾细胞原有的、不规则多角形上皮性细胞特征。

48 h 后，细胞开始增殖，细胞数量明显增多，在接种的细胞或细胞团的周围可见有新生的细胞，这些细胞胞体轮廓通常较浅，因内含物少而较为透明。96 h 以后，新生的细胞将逐渐连接成片，胞体轮廓增强，核仁明显可见，透明度减弱。

（3）观察和记录原代细胞的形态、培养细胞的贴壁时间、增殖时间、完全汇合时间。

【注意事项】

（1）操作前，提前将操作间和超净工作台内紫外灯打开，消毒杀菌 30 min。

（2）进操作间前要洗手，进入超净工作台后手要用 75%酒精或 0.2%新洁尔灭擦拭。试剂等瓶口也要擦拭。

（3）自取材开始，保持所有组织细胞处于无菌条件。

（4）点燃酒精灯，操作在火焰附近进行。耐热物品要经常在火焰上烧灼，金属器械烧灼时间不能太长，以免退火，待冷却后才能夹取组织，吸取过营养液的用具不能再烧灼，以免烧焦形成碳膜。

（5）手不能在开盖的消毒物品上方活动，双手不能交叉取物。

（6）操作动作要准确敏捷，但又不能太快，以防空气流动，增加污染机会。

（7）不能用手触摸已消毒器皿的工作部分，工作台面上用品要布局合理。

（8）瓶子开口后要尽量保持 45°斜位。

（9）吸溶液的吸管等不能混用。

（10）在超净工作台中，组织细胞、培养液等不能暴露过久，以免溶液蒸发或被污染。

（11）凡在超净工作台以外操作的步骤，各器皿须用盖子或橡皮塞，以防止细菌落入。

思　考　题

观察原代培养细胞中的细胞类型，并根据以往的知识初步分析哪类细胞属于成纤维样细胞、哪类细胞属于上皮样细胞。

实验十四　细胞冻存和复苏

【实验目的】

掌握细胞保存的方法，能独立地进行细胞冻存与复苏操作。

【实验原理】

细胞冻存是细胞保存的主要方法之一。利用冻存技术将细胞置于 -196 ℃液氮中低温保存，可以使细胞暂时脱离生长状态而将其细胞特性保存起来，在需要的时候再复苏细胞用于实验。而且适度地保存一定量的细胞，可以防止因正在培养的细胞被污染或其他意外事件而使细胞丢种，起到了细胞保种的作用。在不加保护剂条件下直接冻存细胞时，细胞内、外环境中的水都会形成冰晶，导致细胞内发生机械损伤、电解质升高、渗透压改变、脱水、pH 改变、蛋白变性等，引起细胞死亡。如向培养液中加入浓度 5%～15%的保护剂，可使溶液冰点降低，加之在缓慢冻结条件下，细胞内水分透出，减少了冰晶形成，从而避免细胞损伤。目前常用的保护剂为二甲亚砜(DMSO)和甘油，它们对细胞无毒性，分子量小，溶解度大，易穿透细胞。细胞冻存时向培养基中加入保护剂采用“慢冻快融”的方法能较好地保证细胞存活。标准冷冻速度开始为 -2～-1 ℃/min，当温度低于 -25 ℃时可加速，到 -80 ℃之后可直接投入液氮内(-196 ℃)。细胞复苏时速度要快，直接将装有细胞的冻存管投入 37 ℃热水中迅速解冻，使之迅速通过细胞最易受损的 -5～0 ℃，细胞仍能生长，活力受损不大。

【器材、材料与试剂】

1. 仪器

4 ℃冰箱、-70 ℃冰箱、液氮容器、微量加样器、水浴锅、离心机。

2. 材料

冻存管、离心管、吸管、细胞培养用材料、500 mL 烧杯、胶布、搪瓷杯、75%酒精棉球。

3. 试剂

培养基(RPMI 1640或DMEM)、小牛血清、0.25%胰蛋白酶溶液、二甲基亚砜(DMSO)或甘油、0.5%台盼蓝染液、液氮。

【实验步骤】

1. 冻存

(1) 从增殖期到形成致密的单层细胞以前的培养细胞都可以用于冻存,但最好为对数生长期细胞,已经长满的细胞冻存后生存率低。在冻存前一天最好换一次培养液。

(2) 取待冻存的细胞用胰酶消化(见细胞传代培养部分),用培养基将细胞冲洗下来。以1 000 r/min的速度离心8 min,弃上清液收集细胞。如果是悬浮生长的细胞,则可直接离心收集细胞。

(3) 加入适量冻存液(10%甘油+90%培养基,或者10%DMSO+90%培养基,使用之前要预冷)制成细胞悬液。细胞浓度宜大,一般$(1\sim5)\times10^6$个/mL,并可适量增加小牛血清浓度至20%。

(4) 将1 mL细胞悬液装入冻存管中。用胶布封裹,做好标记(写上细胞种类、时间及冻存条件、冻存人等)。

(5) 冻存管在4 ℃下存放30 min,转放−20 ℃ 1.5～2 h,再转入−70 ℃ 4～12 h后即可转移到液氮内(−196 ℃),注意进行登记。

2. 复苏

(1) 取一搪瓷杯盛上适量自来水加热至40 ℃左右。

(2) 从液氮中取出冻存管,迅速置于温水中并不断搅动。使冻存管中的冻存物在1 min之内融化。

(3) 取出冻存管,用75%酒精清洁管口,打开,将细胞悬液吸到离心管中。

(4) 以1 000 r/min的速度离心8 min,弃去上清液,用无血清培养基洗一次,加入3 mL新鲜培养基,于小培养瓶中培养。

(5) 每日观察细胞生长情况,如果死细胞较多,复苏次日应换液。待细胞长满后可进行传代培养。

【注意事项】

(1) 在使用含有DMSO的冻存液时,因为DMSO在室温状态下易损伤细胞,所以在细胞加入冻存液后应尽快放入4 ℃环境中。

(2) 准确记录细胞的种类、冻存时间、冻存液的品种和冻存者的姓名。

(3) 在冻存细胞操作时应小心,以免液氮冻伤。液氮需定期检查、随时补充,绝对不能使其挥发干净,一般 30 L 的液氮能用 1～1.5 个月。

【实验报告】

试述细胞冻存和复苏的步骤和注意事项,并指出哪些是关键步骤。

思 考 题

1. 应如何运用"缓慢冻存,快速复苏"的原理保存细胞?
2. 冻存液的作用是什么?

附:冻存液配制

培养基加入甘油或 DSMO,使其中浓度达 5%～20%。保护剂的种类和用量视不同细胞而不同。配好后放置在 4 ℃下保存。

实验十五　细胞的传代培养

【实验目的】

熟练掌握贴壁细胞的传代培养方法。

【实验原理】

传代培养是组织培养常规保种方法之一，也是几乎所有细胞生物学实验的基础。当细胞在培养瓶内长成致密单层后，已基本上饱和，为使细胞能继续生长，同时也将细胞数量扩大，必须进行传代（再培养）。传代培养也是一种将细胞种质保存下去的方法，同时也是利用培养细胞进行各种实验的必经过程。悬浮型细胞直接分瓶就可以，而贴壁细胞则需经消化后才能分瓶。

【器材、材料与试剂】

1. 器材

倒置显微镜、CO_2培养箱、超净工作台等。

2. 材料

贴壁细胞株、培养瓶、75%酒精棉球、酒精灯、吸管、废液缸等。

3. 试剂

0.25%胰酶、1640 培养基（含 10%小牛血清）、Hanks 液、PBS 液。

【实验步骤】

1. 传代前准备

（1）预热培养用液。把已经配制好的装有培养液、PBS 液和胰蛋白酶的瓶子放入 37 ℃水浴锅内预热。

（2）用 75%酒精擦拭经过紫外线照射的超净工作台和双手。

（3）正确摆放使用的器械。保证有足够的操作空间，不仅便于操作而且可减少污染。

(4) 点燃酒精灯。注意火焰不能太小。

(5) 取出已经预热好的培养用液,用酒精棉球擦拭好后方能放入超净工作台内。

(6) 从培养箱内取出细胞。注意取出细胞时要旋紧瓶盖,用酒精棉球擦拭显微镜的台面,再在镜下观察细胞。

2. 胰蛋白酶消化

(1) 将长满细胞的培养瓶中原来的培养液弃去后用 PBS 清洗(冲洗)一次。

(2) 加入适量的胰蛋白酶溶液,使瓶底细胞都浸入溶液中,注意消化液的量以盖住细胞最好,最佳消化温度是 37 ℃。

(3) 在显微镜下观察细胞。倒置显微镜下观察消化细胞,若胞质回缩,细胞之间不再连接成片,表明此时细胞消化适度。加入 3~4 mL 培养液终止消化(观察消化也可以用肉眼,当见到瓶底发白并出现细针孔空隙时终止消化。一般室温消化时间约为 3~8 min)。

(4) 用吸管将贴壁的细胞吹打成悬液,分装到另外 2~3 个瓶中,加入适量培养基后旋紧瓶盖。

(5) 在显微镜下观察细胞数量。倒置显微镜下观察细胞量,必要时计数。注意密度过小会影响传代细胞的生长,传代细胞的密度应该不低于 5×10^5 个/mL。最后要做好标记。

(6) 用酒精棉球擦拭培养瓶,适当旋松瓶盖,放入 CO_2 培养箱中继续培养。传代细胞 2 h 后开始贴附在瓶壁上。

【注意事项】

(1) 传代培养时要注意严格的无菌操作,并防止细胞之间的交叉污染。

(2) 酶解消化过程中要不断观察,消化过度会对细胞造成损害,消化不够则难以将细胞解离下来。

(3) 传代后每天观察细胞生长情况,了解细胞是否健康生长。健康细胞的形态饱满,折光性好。

(4) 掌握好传代时机。传代细胞采用对数生长期细胞,传代前一天最好换液一次。

【实验报告】

试述传代培养的步骤和注意事项,并指出哪些是关键步骤。

思　考　题

1. 细胞传代培养的目的是什么?
2. 判断细胞健康的标准是什么?
3. 如何估计是否传代?传代的方式是什么?

附:消化液配制方法

称取 0.25 g 胰蛋白酶(活力为 1∶250),加入 100 mL 无 Ca^{2+}、Mg^{2+} 的 Hanks 液溶解,用 0.22 μL 滤器过滤除菌,在 4 ℃下保存,用前可在 37 ℃下预热。胰蛋白酶溶液中也可加入 EDTA,使最终浓度达 0.02%~0.1%。

实验十六 培养细胞的形态观察、计数和活力检测

【实验目的】

(1) 了解培养中的动物细胞的一般形态和生长状态。
(2) 掌握细胞计数的基本方法。
(3) 熟悉细胞活力检测的基本方法。

【实验原理】

体外培养的细胞主要有两种状态。一种是能贴附在培养支持物上的细胞，如HeLa 细胞、NH_3T_3 等，叫贴壁型细胞，体外培养的细胞绝大多数都属于这种细胞。另一种细胞并不贴附在容器的壁上，而是悬浮在培养液中生长，如HL-60，叫悬浮型细胞，这类细胞主要是血液原性或癌原性的细胞。

培养的细胞在一般条件下要求有一定的密度才能生长良好，所以要进行细胞计数。计数结果以每毫升细胞数表示。细胞计数的原理和方法与血细胞计数相同。在细胞群体中总有一些因各种原因而死亡的细胞，总细胞中活细胞所占的百分比叫作细胞活力，由组织中分离的细胞一般也要检查活力，以了解分离的过程对细胞是否有损伤作用。复苏后的细胞也要检查活力，了解冻存和复苏的效果。用台盼蓝染细胞，死细胞着色，活细胞不着色，从而可以区分死细胞与活细胞。利用细胞内某些酶与特定的试剂发生显色反应，也可测定细胞的相对活力。

【器材、材料与试剂】

1．器材

普通显微镜、倒置显微镜、血球计数板、试管、吸管等。

2．材料

细胞悬液。

3．试剂

0.4%台盼蓝。

【实验步骤】

1. 培养细胞的形态观察

(1) 将细胞培养瓶从 37 ℃ CO_2 培养箱(或温箱)中取出,注意观察细胞培养液的颜色和清澈度。然后,将细胞培养瓶平稳地放在倒置显微镜载物台上,此时应注意不要将培养瓶翻转,也不要让瓶内的液体接触瓶塞或流出瓶口。

(2) 打开倒置显微镜光源,通过双筒目镜将视野调到合适的亮度。

(3) 调节载物台的高度进行对焦,在看到细胞层之后,用细调节器将物像调清楚,注意观察细胞的轮廓、形状和内部结构。在观察时,最经常使用的是10×物镜。

(4) 观察结果。贴壁细胞一般有两种形状,即上皮细胞型细胞和成纤维细胞型细胞。上皮细胞型细胞呈扁平的不规则多角形,圆形核位于中央,生长时常彼此紧密连接成单层细胞片,如 HeLa 细胞(图 16-1)。成纤维细胞型细胞形态与体内成纤维细胞形态相似,胞体呈梭形或不规则三角形,中央有圆核,胞质向外伸出2～3 个长短不同的突起,细胞群常借原生质突连接成网,如 NIH_3T_3(图 16-2)。

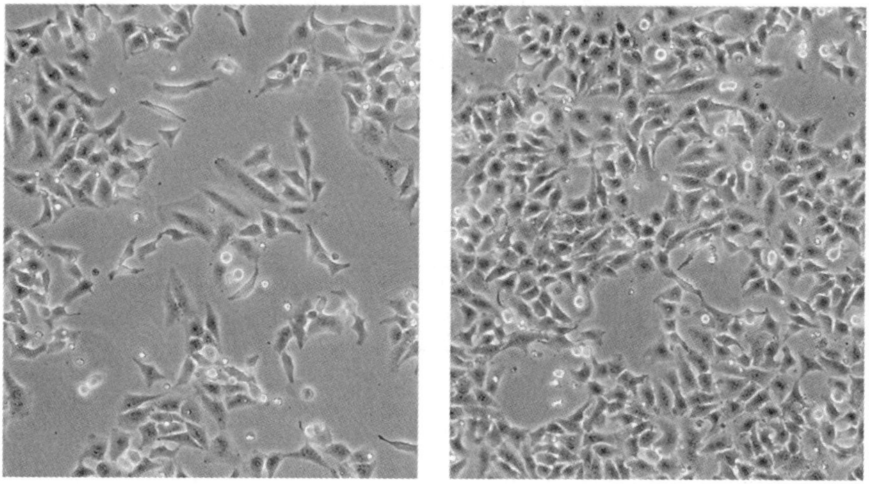

图 16-1　HeLa 细胞形态

贴壁细胞在生长状态良好时,细胞内颗粒少,看不到有空泡,细胞边缘清楚,培养基内看不到悬浮的细胞和碎片,培养液清澈透明;而当细胞内颗粒较多,透明度差,空泡多时,表明生长较差。当瓶内培养基浑浊时,应想到细菌真菌污染的可能。悬浮细胞当边缘清楚,透明发亮时,生长较好;反之,则较差或已死亡。由于培养基内有 pH 指示剂的存在,因此它的颜色往往可以间接地表明细胞的生长状态。pH 指示剂呈橙黄色时,细胞一般生长状态较好;呈淡黄色时,则可能是培养时间过长,营养不足，死亡细胞过多；如呈紫红色，则可能是细胞生长状态不好，或已死亡。实际上，一种细胞在培养中的形态并不是永恒不变的，它随营养、pH、生长周期而改变，但在比较稳定的条件下形态基本是一致的。在贴壁细胞培养中，镜下折光率高，圆而发亮的一般被认为是分裂期细胞。肿瘤细胞有重叠生长的特征。

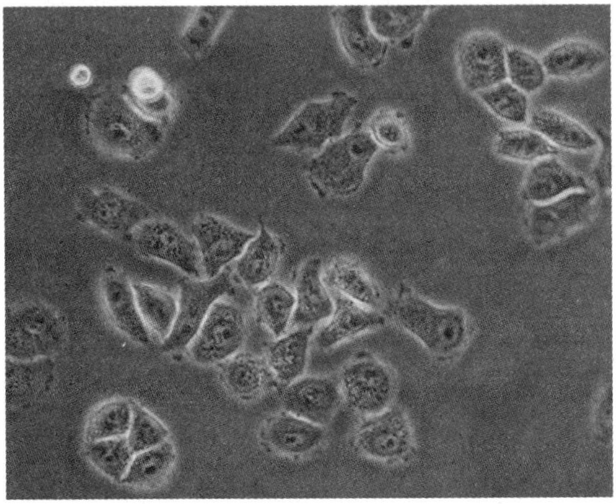

图 16-2　NIH_3T_3 细胞形态

2. 细胞计数

(1) 将血细胞计数板(图 16-3)及盖玻片用酒精棉球擦拭干净，并将盖玻片盖在计数板上。

(2) 将细胞悬液吸出少许，滴加在盖片边缘，使悬液充满盖片和计数板之间。

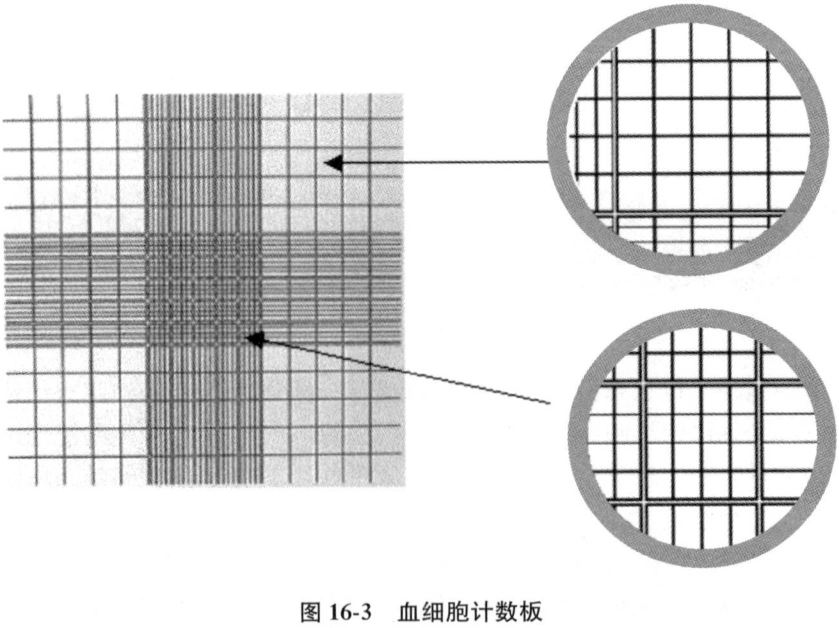

图 16-3　血细胞计数板

(3) 静置 3 min。

(4) 在镜下观察，计算计数板四大格细胞总数，压线细胞只计左侧和上方的。然后按下式计算：细胞数/mL = 4 大格细胞总数/4 × 10^4。

说明：公式中除以 4 是因为计数了 4 个大格的细胞数。

公式中乘以 10^4 是因为计数板中每一个大格的体积为：

1.0 mm(长) × 1.0 mm(宽) × 0.1 mm(高) = 0.1 mm^3

而 1 mL = 1 000 mm^3。

3. 细胞活力

(1) 将 0.5 mL 细胞悬液加入试管中。

(2) 加入 0.5 mL 0.4% 台盼蓝染液，染色 2～3 min。

(3) 吸取少许悬液涂于载玻片上，加上盖玻片。

(4) 在镜下取几个任意视野分别计死细胞和活细胞数，计细胞活力。

死细胞能被台盼蓝染上色，镜下可见深蓝色的细胞，活细胞不被染色，镜下呈无色透明状。

活力测定可以和细胞计数合起来进行，但要考虑到染液对原细胞悬液的加倍稀释作用。

【注意事项】

(1) 在细胞计数时务必将细胞吹打成单个细胞，取样计数前，充分混匀细胞悬液，尤其是多次取样计数时更要注意每次取样都要混匀，以求计数准确。

(2) 显微镜下计数时，遇到两个以上细胞组成的细胞团，应按单个细胞计算。如果细胞团大于 10%，说明细胞分散不充分。

(3) 操作时，注意盖片下不能有气泡，也不能让悬液流入旁边槽中，否则要重新计数。

【实验报告】

(1) 绘制镜下细胞形态图。

(2) 试述细胞计数和活力检测的步骤和注意事项，并计算细胞的密度和活力。

思　考　题

1. 怎样判断培养的细胞生长状态是否良好？

2. 在哪些情况下要进行细胞活力检测？

实验十七 细胞增殖和细胞毒性检测(CCK-8法)

【实验目的】

(1) 掌握CCK-8检测细胞增殖的原理与基本方法。
(2) 熟悉CCK-8加样与使用酶标仪检测OD值。
(3) 了解CCK-8数据处理与作图的方法。

【实验原理】

CCK-8全称Cell Counting Kit-8试剂,可用于简便而准确的细胞增殖和毒性分析。其基本原理为:该试剂中含有水溶性的四唑盐WST-8[化学名:2-(2-甲氧基-4-硝基苯基)-3-(4-硝基苯基)-5-(2,4-二磺酸苯)-2H-四唑单钠盐],它在电子载体1-甲氧基-5-甲基吩嗪硫酸二甲酯(1-Methoxy PMS)的作用下被细胞中的脱氢酶还原为具有高度水溶性的黄色甲瓒产物(Formazan dye)。生成的甲瓒物的数量与活细胞的数量成正比,因此可利用这一特性直接进行细胞增殖和毒性分析。

【器材与试剂】

1. 器材

96孔板、血细胞计数板、离心管、移液枪、离心机、CO_2培养箱、酶标仪、超净工作台。

2. 试剂

CCK-8检测试剂盒、细胞培养液、PBS。

【实验步骤】

1. 种细胞于96孔板

取要检测的细胞进行消化、离心、计数。在96孔板上每孔加入100 μL 2 000个细胞,每组处理设置5个复孔。最外一圈的孔只加100 μL PBS,不作为测定孔用。在 37 ℃、5% CO_2、90%湿度条件下培养 24 h。

2. 加 CCK-8 溶液

(1) 细胞贴壁后，吸出各孔培养基，每孔加入 10 μL CCK-8 溶液(也可采取换液加入)；加 CCK-8 试剂时间分别为 24 h、48 h、72 h、96 h 时。重要的是，需保证实验组和对照组在同一时间点进行实验操作，注意要避光操作。

(2) 设置空白对照：用加了相应量细胞培养液和 CCK-8 溶液但没有加入细胞的孔作为空白对照。

3. 将培养板置于培养箱内继续培养 1～4 h

用锡纸将 96 孔板包裹住，放回培养箱。在对于大多数情况孵育 1 h 即可，时间的长短根据细胞的类型和细胞的密度等实验情况而定，初次实验时可以在 0.5 h、1 h、2 h 和 4 h 后分别用酶标仪检测，然后选取吸光度范围比较适宜的一个时间点用于后续实验。

4. 检测 OD 值

使用酶标仪，取下 96 孔板的盖子在 450 nm 测定吸光度。

5. 按公式计算，分析数据

$$\text{细胞存活率}=\frac{\text{实验孔}-\text{空白孔}}{\text{阴性对照孔}-\text{空白孔}}\times 100\%$$

$$\text{细胞抑制率}=\frac{\text{阴性对照孔}-\text{实验孔}}{\text{阴性对照孔}-\text{空白孔}}\times 100\%$$

注意：细胞活力指细胞增殖活力或细胞毒性活力。

【观察结果】

CCK-8 试剂和活细胞结合并呈现颜色，颜色越深说明活细胞越多，吸光度越大，即 OD 值越大(图 17-1、表 17-1)。

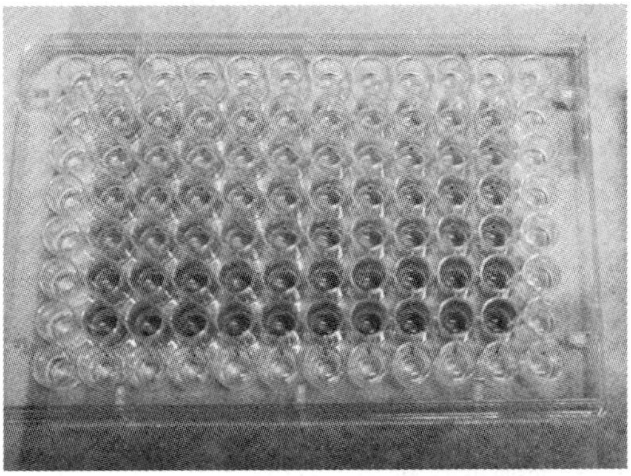

图 17-1　CCK-8 实验结果示意图

表 17-1　CCK-8 实验结果分析表

	1	2	3	4	5	6	7	8	9	10
A	0.313	0.314	0.325	0.301	0.320	0.311	0.314	0.310	0.322	0.302
B	0.486	0.483	0.458	0.475	0.458	0.469	0.456	0.485	0.476	0.486
C	0.789	0.768	0.779	0.784	0.779	0.789	0.780	0.781	0.783	0.721
D	1.368	1.388	1.368	1.377	1.378	1.388	1.358	1.380	1.393	1.388
E	1.624	1.631	1.621	1.610	1.622	1.630	1.634	1.636	1.626	1.620
F	1.893	1.824	1.819	1.832	1.821	1.824	1.832	1.892	1.802	1.842

注：A1-A10 空白孔在 OD450 吸光值(用作调零)；
B1-B10 实验组加药 12 μmol/mL 在 OD450 吸光值；
C1-C10 实验组加药 9 μmol/mL 在 OD450 吸光值；
D1-D10 实验组加药 6 μmol/mL 在 OD450 吸光值；
E1-E10 实验组加药 3 μmol/mL 在 OD450 吸光值；
F1-F10 对照组不加药在 OD450 吸光值。
(实测数据会因检测仪器等的不同而存在差异，图中数据仅供参考。)

【注意事项】

(1) 种板接种时细胞悬液一定要混匀，以避免细胞沉淀下来，导致每孔中的细胞数量不一致。

(2) 由于使用 96 孔板进行检测，如果细胞培养时间较长，一定要注意液体蒸发问题。可以采取弃用周围一圈的办法，改加相同量的 PBS。

(3) 加 CCK-8 试剂时，建议斜贴着培养板壁加，不要插到培养基液面下加，容易产生气泡，干扰 OD 值。加 CCK-8 试剂时速度要快，减少试剂在移液枪上的残留，加入 CCK-8 试剂后轻轻震动培养板，以避免加样不均匀所带来的误差。

(4) 用酶标仪检测前需确保每个孔内没有气泡，否则会干扰测定。

【实验报告】

通过对实验数据进行分析，将独立重复的三组数据导入 Graphpad prism 软件绘制折线图。

思　考　题

1. CCK-8 能否对活细胞进行染色？为什么？
2. 请分析本实验中有哪些因素影响 CCK-8 的测定。

实验十八　流式细胞术检测细胞周期

【实验目的】

(1) 掌握流式细胞术检测细胞周期的原理和方法。

(2) 熟悉流式细胞仪中脉冲形状分析图、前向散射与侧向散射数据图以及直方图绘制方法。

【实验原理】

通过定量测定 DNA 含量来分析细胞周期是流式细胞术最早的应用之一。哺乳动物、酵母、植物或细菌细胞的 DNA 均可采用多种 DNA 结合荧光染料染色。当然,前提是这些染料可进行化学计量,即这些染料与细胞中的 DNA 以一定的比例结合。S 期细胞由于 DNA 含量高于 G_1 期细胞,会按比例结合更多的荧光染料,在激发光的作用下就可发出更亮的荧光。

本实验用到的染料为碘化丙啶(propidium iodide,PI),碘化丙啶是一种常用的细胞核荧光染料,作为一种溴化乙锭(EB)的类似物,能够嵌入碱基之间实现与 DNA 结合。这种结合没有或者几乎无序列倾向性,每 4～5 个 DNA 碱基对结合一个染料。DNA 结合碘化丙啶后,G_2 期细胞的亮度约为 G_1 期细胞亮度的 2 倍,因此通过流式细胞仪检测即可将其区分出来。

【器材、材料与试剂】

1. 器材

普通光学显微镜、流式细胞仪、试管、移液枪、枪头等。

2. 材料

细胞悬液。

3. 试剂

70%乙醇、碘化丙啶(50 μg/mL)、核糖核酸酶Ⅰ(100 mg/mL)、PBS 溶液。

【实验步骤】

（1）实验前需将配制好的70%乙醇放入用4 ℃冰箱预冷30 min。

（2）以1 000 r/min离心细胞悬液5 min，弃去上清。

（3）加入适量的PBS溶液，以1 000 r/min离心5 min，再次加入适量的PBS制备成细胞悬液。

（4）以1 000 r/min离心细胞悬液5 min，弃去上清，随后加入预冷的70%乙醇进行固定（可选操作，在涡旋搅拌的同时向细胞沉淀中逐滴加入乙醇，这样可确保所有细胞都能固定，最大限度避免细胞聚集）。

（5）在4 ℃冰箱中固定30 min。

（6）以1 000 r/min再离心5 min，弃去上清。

（7）加入适量的PBS溶液，以1 000 r/min离心5 min，弃去上清。

（8）加入50 μL核糖核酸酶Ⅰ（100 μg/mL）降解RNA，这可确保仅染色DNA，而不会染色RNA。

（9）加入200 μL碘化丙啶（50 μg/mL），10 min后使用流式细胞仪检测。

【观察结果】

调节进样量在2 000～5 000个细胞之间并运行流式细胞仪。进行分析时，首先使用前向散射（forward scatter）与侧向散射（side scatter）数据图设门，选定单个细胞群（图18-1）。然后将此门应用于散射图并排除明显的细胞碎片，结合两个设门并应用于PI直方图（图18-2）。

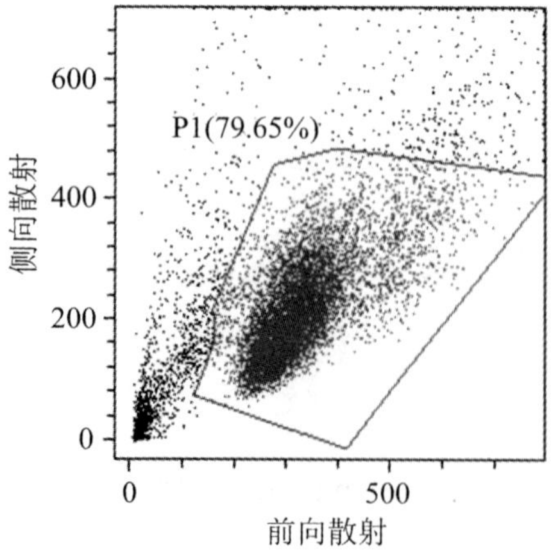

图18-1　前向散射与侧向散射数据图

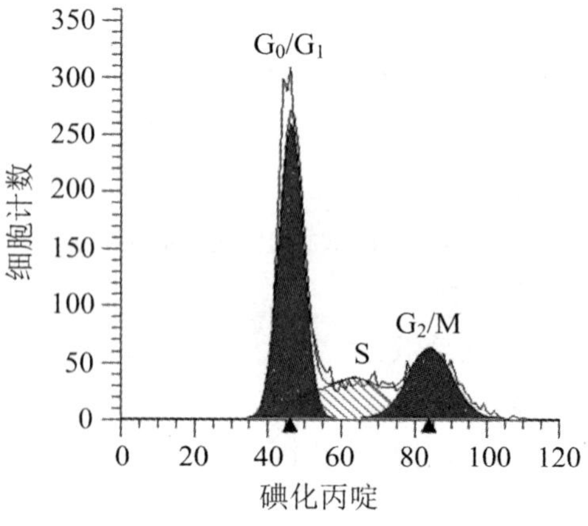

图18-2　直方图（王文锐博士提供）

【注意事项】

(1) 应尽可能维持细胞浓度,以便保证所用的样本压力差最低。这样可确保核心样本流尽可能狭窄,并得到最佳的 CV 值。CV(变异系数)是数据离散的度量值,其定义为标准差(sd)除以平均值(m),并以百分比形式($sd/m \times 100\%$)表示。

(2) 切勿使用 PBS 配制 70%乙醇,因为这会导致蛋白质在固定过程中发生沉淀,应使用 70 份无水乙醇和 30 份蒸馏水进行配制。

(3) 单参数 DNA 分析无法给出任何动力学信息,也无法区分 G_1 期细胞与极早期的 S 期细胞,以及 G_2 期细胞与 S 期晚期细胞。此外,G_2 期细胞与分裂期细胞同样无法区分。要解决这一问题,需采用溴脱氧尿苷(BrdU)技术,也可结合细胞周期阶段特异性标记物(例如,有丝分裂期的特异性标记物磷酸化 H3)进行 DNA 分析。

(4) 需要注意的是,PI 也能与 RNA 结合,因此需要用核酸酶处理来区分 DNA 和 RNA 染色。

【实验报告】

从流式细胞仪中导出本次实验中的脉冲形状分析图、前向散射与侧向散射数据图以及直方图,并在直方图中标示 G_2 期峰值位置。

思 考 题

1. 如果在前向散射与侧向散射数据图中没有观察到密集的区域(图 18-1 多边形框中所示区域),请解释可能存在的原因。

2. 如果在直方图中没有观察到 G_2/M 期峰值图,请解释可能存在的原因。

实验十九　细胞凋亡诱导与检测

【实验目的】

(1) 巩固细胞体外培养与传代等实验方法。
(2) 掌握体外培养细胞药物处理方法。
(3) 熟悉细胞凋亡形态学检测方法。

【实验原理】

细胞凋亡(apoptosis)是多细胞有机体为调控机体发育、维护内环境稳定、由基因控制的细胞主动死亡过程。它是细胞死亡的主要方式之一,并强调这一过程是一种自然的生理学过程。由于细胞凋亡是受到严格的遗传机制决定的程序性调控,所以又被称为程序化细胞死亡。通过细胞凋亡,机体得以消除不再需要的细胞,且不引起炎症反应。细胞凋亡具有确保正常生长、发育,维持内环境稳定,发挥积极的机体防御功能等作用。

凋亡过程中的细胞在形态学和很多生化指标上与坏死的细胞都有明显区别(表 19-1)。

表 19-1　细胞凋亡和细胞坏死的区别

区别点	细胞凋亡	细胞坏死
起因	生理或病理性	病理性变化或剧烈损伤
范围	单个散在细胞	大片组织或成群细胞
细胞膜	保持完整,一直到形成凋亡小体	破损
染色质	凝聚在核膜下呈半月状	呈絮状
细胞器	无明显变化	肿胀、内质网崩解
细胞体积	固缩变小	肿胀变大
凋亡小体	有,被邻近细胞或巨噬细胞吞噬	无,细胞自溶,残余碎片被巨噬细胞吞噬
基因组 DNA	有控降解,电泳图谱呈梯状	随机降解,电泳图谱呈弥散状
蛋白质合成	有	无
调节过程	受基因调控	被动进行
炎症反应	无,不释放细胞内容物	有,释放内容物

Camptothecin（喜树碱）是植物碱，Camptothecin 在纳摩尔水平作用于多种人类肿瘤细胞系，包括 HT29、LOX、SKOV3 和 SKVLB 等有一定细胞毒性，IC_{50} 为 37 nm 到 48 nm。由于 Camptothecin 溶解性低且具有一定副作用，所以已经研发了多种 Camptothecin 类似物，其中两种药物 Topotecan（托泊替康）和 Irinotecan（伊立替康）已经获得 FDA 准核用于癌症化学疗法中。

DAPI 即 4′,6-二脒基-2-苯基吲哚（4′,6-diamidino-2-phenylindole）是一种荧光染料，可以穿透细胞膜与细胞核中的双链 DNA 结合而发挥标记的作用，产生的荧光强度是 DAPI 自身的 20 多倍。荧光显微镜观察可以看到显蓝色荧光的细胞，细胞标记的效率高（几乎为 100%）。DAPI 染剂是利用紫外光波长的光线激发。单独 DAPI 的最大吸收波长为 340 nm，最大发射波长为 488 nm；当 DAPI 与双链 DNA 结合时，最大吸收波长为 364 nm，最大发射波长为 454 nm（10 mm Tris pH 7.0，100 mm NaCl，10 mm EDTA），其发散光的波长范围涵盖了蓝色至青绿色。DAPI 染色常用于细胞凋亡检测，可通过荧光显微镜或流式细胞仪检测。DAPI 也常用于一般的细胞核染色以及某些特定情况下的双链 DNA 染色。

【器材、材料与试剂】

1．器材

CO_2 培养箱、超净工作台、普通离心机、倒置相差显微镜、荧光显微镜、高压蒸汽灭菌锅、除菌滤器、培养瓶、培养皿、吸管、小烧杯、离心管、移液器、吸管橡皮头、酒精灯、试管架、废液缸、棉球、玻片、镊子。

2．材料

Hela 细胞。

3．试剂

1640 培养液（含 20%小牛血清）、0.25%胰蛋白酶液、小牛血清、双抗（青霉素和链霉素）、75%酒精 PBS、Camptothecin、DAPI 染色液、4%多聚甲醛。

【实验步骤】

1．细胞凋亡的诱导

（1）Hela 细胞传代培养 16 h 后，镜下观察细胞状态，细胞边缘为多边形并聚集形成细胞克隆，可推断细胞此时为贴壁生长。

（2）向培养皿内加入 Camptothecin 药物，工作浓度为 20 μm，轻轻晃动将其混合均匀（滴加溶液时动作要轻缓，不要冲击细胞层）。细胞放回 37 ℃、5% CO_2 条件培养箱继续培养 24 h。

2. DAPI 染色

(1) 显微镜下观察细胞形态与贴壁情况。

(2) 收集细胞:吸去培养基,用 PBS 洗涤后,加入 200 μL 胰蛋白酶液,37 ℃消化至细胞多数变圆(约 2 min)。

(3) 加入 1 mL PBS,吹吸至细胞由培养瓶底部脱落。

(4) 将细胞悬液转移至 1.5 mL EP 管中,1000 r/min 离心 5 min。

(5) 弃去上清,于沉淀中加入 100 μL 4% 多聚甲醛,重悬细胞后,室温固定 10 min。

(6) 1 000 r/min 离心 5 min,弃上清,加 100 μL PBS 洗涤沉淀细胞。

(7) 1 000 r/min 离心 5 min,弃上清,加入适量 DAPI 染液(工作浓度为 6 μg/mL)于 37 ℃避光染色 10 min。

(8) 1 000 r/min 离心 5 min,弃上清,加入 100 μL PBS 洗涤沉淀细胞。

(9) 1 000 r/min 离心 5 min,弃上清,加入适量 PBS 重悬细胞,使细胞密度适宜观测。

(10) 取 15 μL 细胞悬液于玻片上并置于正置荧光显微镜下观察,选取典型凋亡阶段的细胞拍照。

【观察结果】

该染料对细胞膜有半通透性,可透过正常活细胞产生较弱的蓝色荧光(细胞固定后荧光增强)。而凋亡细胞的膜通透性增加,对其摄取能力增强,产生很强蓝光染色。正常细胞的细胞核形态呈圆形,边缘清晰,染色均匀。而凋亡细胞的细胞核边缘不规则、细胞核染色体浓集、着色较重,并伴有细胞核固缩、核小体碎片增加,因此从荧光强度及核形态均可鉴别出细胞发生凋亡的典型特征。

【注意事项】

(1) 荧光染料都存在淬灭的问题,建议染色后尽量当天完成检测,并注意避光操作。

(2) DAPI 对人体有刺激性,操作时要小心,穿实验服并佩戴一次性手套和口罩,避免直接接触人体或吸入体内。

【实验报告】

(1) 分析影响实验结果的关键步骤,并说明原因。

(2) 试述凋亡细胞的形态学特点,识别凋亡细胞并在荧光显微镜下拍照保存(图 19-1)。

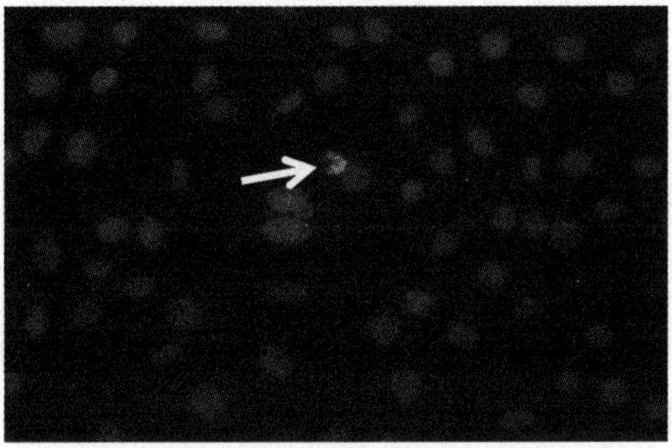

图 19-1　HeLa 细胞 DAPI 染色

思　考　题

查阅资料,了解其他细胞凋亡检测方法的原理和应用。

实验二十　聚乙二醇(PEG)介导的细胞融合

【实验目的】

(1) 掌握 PEG 诱导细胞融合原理及成功的关键。
(2) 掌握鸡血细胞融合的操作步骤及细胞融合率的计算方法。
(3) 熟悉细胞融合的各种方法及其优缺点。

【实验原理】

在通常情况下,两个细胞接触并不发生融合现象,因为各自存在完整的细胞膜,在特殊融合诱导物的作用下,两个细胞膜发生一定的变化,就可促进两个或多个细胞聚集,相接触的细胞膜之间融合,继之细胞质融合,形成一个大的融合细胞。

细胞融合(cell fusion),即在自然条件下或用人工方法(生物的、物理的、化学的)使两个或两个以上的细胞合并形成一个细胞的过程。人工细胞融合开始于 20 世纪 50 年代,作为一门新兴的技术发展很快,应用范围极广。不仅能产生同种细胞融合、种间细胞融合,而且也能诱导动植物细胞间产生融合,因此细胞融合技术目前被广泛应用于细胞生物学和医学研究的各个领域,如研究核质关系、绘制染色体基因图谱、制备单克隆抗体、育种等。这一技术已成为研究细胞遗传、细胞免疫、肿瘤和生物新品种培育的重要手段。

细胞融合的诱导物种类很多,常用的主要有灭活的仙台病毒(sendai virus)、聚乙二醇(polyethyleneglycol,PEG)和电脉冲。目前应用最广泛的是聚乙二醇,因为它易得、简便,且融合效果稳定。聚乙二醇(PEG)结构为:$HOH_2C(CH_2OCH_2)_nCH_2OH$,相对分子质量在 200～6 000 的均可用作细胞融合剂。普遍认为聚乙二醇分子能改变各类细胞的膜结构,使两细胞接触点处质膜的脂类分子发生疏散和重组,由于两细胞接口处双分子层质膜的相互亲和以及彼此的表面张力作用,细胞发生融合。

【器材、材料与试剂】

1. 器材

显微镜、离心机、水浴箱、刻度离心管、载玻璃片、盖玻片。

2．材料

鸡血红细胞。

3．试剂

Alsever 液（pH 7.4）、0.85%生理盐水、GKN 液（8 g NaCl＋0.4 g KCl＋1.77 g $NaH_2PO_4 \cdot 2H_2O$＋0.69 g $Na_2HPO_4 \cdot 12H_2O$＋2 g 葡萄糖＋0.01 g 百分红，加入 1 000 mL 水）、50%PEG（MW 4 000）、Janus Green B。

【实验步骤】

（1）采血及鸡红细胞悬液的制备。用注射器从家鸡的翼根或心脏采血，注入试管后，迅速加入肝素（100 U/5 mL 全血）混合，制成抗凝全血。然后加入 Alsever 液配成 1∶3 的细胞悬液，置于 4 ℃冰箱中，可供一周内使用。

（2）（共 2 组）取鸡红细胞悬液 1 mL，移入 10 mL 离心管，加入 4 mL 0.85%生理盐水混匀。以 1 000 r/min 的速度离心 5 min。

（3）弃上清液（用吸管吸去），加 0.85%生理盐水 5 mL，用指掸法（或吸管轻吹）将细胞团块掸散，混匀后以 1 000 r/min 的速度离心 5 min；重复上述条件，再离心洗涤一次。

（4）收集最后一次离心沉淀的血细胞，加入适量（5～8 mL）的 GKN 液，轻轻吹散，混匀。

（5）取悬液 1 mL 到一个试管中，加入 0.5 mL 预热的 50%PEG 混匀，置于 30 ℃水浴中温浴 3～5 min；取未融合和融合的血细胞悬液各 1 滴分别滴于载玻片上的两侧，加入詹纳斯绿 B 染液染 3 min 后，盖上盖玻片观察。

（6）利用光学显微镜（高倍）以未融合细胞为对照观察靠近两个细胞形成融合的过程，如图 20-1 所示。

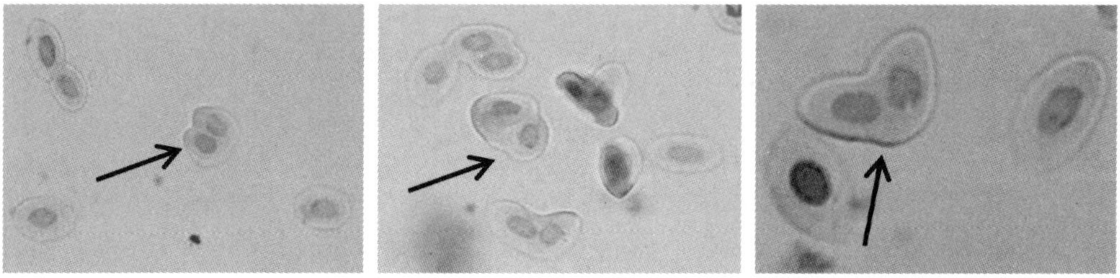

图 20-1　鸡血红细胞 PEG 融合实验

【观察结果】

在高倍镜下可以看到有两个或两个以上的鸡红细胞膜融合在一起，形成一个同核体细胞。要注意辨别融合细胞与重叠的鸡红细胞，并根据观察记数的结果计算细胞融合率：

$$融合率=\frac{视野内发生融合细胞核总数}{视野内所有细胞核总数}\times 100\%$$

【注意事项】

(1) PEG 分子量为 4 000、浓度为 50%时，细胞融合率最高，配制溶液时注意防止粉尘吸入。

(2) 滴加 50% PEG 溶液时，应缓慢、逐滴加入，而且每加一滴应轻弹试管底部，滴加完毕后充分温和混匀。

【实验报告】

(1) 在显微镜下按顺序绘制所观察到的细胞融合各阶段，并注明主要特点。

(2) 什么是同核体、异核体？细胞融合主要有哪几种方法？简述细胞融合的应用价值。

第二部分

《医学细胞生物学》习题及答案

第一章 绪 论

一、名词解释(英文的先翻译成中文,再解释)

1. cell biology
2. 显微结构
3. 细胞学说

二、填空题

1. 细胞生物学是研究细胞基本__________规律的科学,是在______、______和______三个不同层次上,以研究细胞的__________、__________、__________、__________、__________和__________等为主要内容的一门科学。

2. ______年英国学者______第一次观察到细胞并命名为 cell;后来第一次真正观察到活细胞有机体的科学家是________。

3. 1838—1839 年,______和______共同提出:一切植物、动物都是由细胞组成的,细胞是一切动植物的__________。

4. 细胞生物学的发展历史大致可分为______、______、______、______和分子细胞生物学几个时期。

三、选择题(每题只有一个最佳答案)

1. 第一个观察到活细胞有机体的是( )。
   A. Robert Hooke B. Leeuwen Hoek
   C. Grew D. Virchow
2. 细胞学说是由( )提出来的。
   A. Robert Hooke 和 Leeuwen Hoek B. Crick 和 Watson
   C. Schleiden 和 Schwann D. Sichold 和 Virchow
3. 细胞学的经典时期是指( )。
   A. 1665 年以后的 25 年

B. 1838—1858年细胞学说的建立

C. 19世纪的最后25年

D. 20世纪50年代电子显微镜的发明

4. (　　)技术为细胞生物学学科早期的形成奠定了良好的基础。

A. 组织培养　　B. 高速离心

C. 光学显微镜　　D. 电子显微镜

四、判断题

1. 细胞生物学是研究细胞基本结构的科学。(　　)

2. 细胞的亚显微结构是指在光学显微镜下观察到的结构。(　　)

3. 细胞是生命体的结构和生命活动的基本单位。(　　)

4. 英国学者Robert Hooke第一次观察到活细胞有机体。(　　)

5. 细胞学说、进化论和遗传学的基本定律被列为19世纪自然科学的"三大发现"。(　　)

6. 细胞学说的建立构成了细胞学的经典时期。(　　)

五、简答题

1. 什么叫细胞生物学？试论述细胞生物学研究的主要内容。

2. 细胞生物学的发展可分为哪几个阶段？

参 考 答 案

一、名词解释

1. cell biology：细胞生物学，是研究细胞基本生命活动规律的科学，是在显微、亚显微和分子水平上，以细胞结构与功能，细胞增殖、分化、衰老与凋亡，细胞信号传递，真核细胞基因表达与调控，细胞起源与进化等为主要研究内容的一门学科。

2. 显微结构：是指在普通光学显微镜中能够观察到的细胞结构，直径大于0.2 μm，如细胞的大小及外部形态、染色体、线粒体、中心体、细胞核、核仁等，目前用于研究细胞显微结构的工具有普通光学显微镜、暗视野显微镜、相差显微镜、荧光显微镜等。

3. 细胞学说：是由 Schleiden 和 Schwann 提出来的。主要内容包括：一切生物都是由细胞构成的，细胞是组成生物体的基本结构单位；细胞通过细胞分裂繁殖后代。细胞学说的创立为当时生物学的发展起了巨大的促进和指导作用。

二、填空题

1. 生命活动；显微水平；亚显微水平；分子水平；结构与功能；增殖与分化；衰老与凋亡；信号传递；真核细胞基因表达与调控；起源与进化。

2. 1665；Robert Hooke（罗伯特·胡克）；Leeuwen Hoek（列文虎克）。

3. Schleiden（施莱登）；Schwann（施旺）；基本单位。

4. 细胞的发现；细胞学说的建立；细胞学经典时期；实验细胞学时期。

三、选择题

1. B　2. C　3. C　4. D

四、判断题

1. ×　2. ×　3. √　4. ×　5. ×　6. ×

五、简答题

1. 什么叫细胞生物学？试论述细胞生物学研究的主要内容。

答：细胞生物学是研究细胞基本生命活动规律的科学，它是在三个水平（显微、亚显微与分子水平）上，以细胞的结构与功能、细胞增殖、细胞分化、细胞衰老与凋亡、细胞信号传递、真核细胞基因表达与调控、细胞起源与进化等为主要研究内容的一门科学。

细胞生物学研究内容主要包括两个大的方面：细胞结构与功能、细胞重要生命活动。涵盖九个方面的内容：① 细胞核、染色体以及基因表达；② 生物膜与细胞器;③ 细胞骨架体系;④ 细胞增殖及其调控;⑤ 细胞分化及其调控;⑥ 细胞的衰老与凋亡;⑦ 细胞的起源与进化;⑧ 细胞工程;⑨ 细胞信号传导。

2. 细胞生物学的发展可分为哪几个阶段?

答:细胞生物学的发展大致可分为五个时期:细胞质的发现、细胞学说的建立、细胞学的经典时期、实验细胞学时期、细胞生物学时期。

第二章　细胞概念与分子基础

一、填空题

1. 所有细胞的表面均有由__________和________构成的____________；所有的细胞都含有______种核酸；所有细胞都以__________方式增殖；所有细胞内均存在蛋白质生物合成的机器____________。

2. 病毒是迄今发现的最______的、最______的专营___________内寄生的________生物。

3. 原核细胞的遗传信息量______，遗传信息载体仅由一个______状的______构成，细胞内没有专门的__________和__________，其细胞膜具有__________性。

4. 一个细胞生存与增殖必须具备的结构为_________、_________、_________和催化酶促反应所需要的酶。

5. 细菌细胞表面主要是指______和______及其特化结构______、______和______等。

6. 细胞内的化学元素可分为________、________两种。

7. 原核细胞和真核细胞核糖体的沉降系数分别为_________和____________。

8. 水在细胞中主要以________和________的形式存在。

9. 真核细胞亚显微水平的三大基本结构体系是_______、_______和_______。

10. 目前发现的最小最简单的细胞是______，直径只有_______________。

11. 多肽链的一端具有游离的氨基，称为________或________，另一端具有游离的羧基，称为________或________。

12. α-螺旋的氢键在________条肽链内形成，主要存在于________蛋白质中。β-折叠的氢键在________条肽链内形成，主要存在于________蛋白质中。

二、选择题（每题只有一个最佳答案）

1. 大肠杆菌的核糖体的沉降系数为（　　）。

A. 80S　　B. 70S　　C. 60S　　D. 50S

2. 下列没有细胞壁的细胞是（　　）。

A. 支原体　　B. 细菌　　C. 蓝藻　　D. 植物细胞

3. 在病毒与细胞起源的关系上,下面的哪个观点越来越有说服力?( )
A. 生物大分子→病毒→细胞 B. 生物大分子→细胞和病毒
C. 生物大分子→细胞→病毒 D. 都不对

4. 相对高等植物细胞,动物细胞特有的细胞器是( )。
A. 细胞核 B. 线粒体 C. 中心粒 D. 质体

5. 目前认为支原体是最小的细胞,其直径约为( )。
A. 0.01 μm B. 0.1～0.3 μm C. 1～3 μm D. 10 μm

6. 在真核细胞和原核细胞中共同存在的细胞器是( )。
A. 中心粒 B. 叶绿体 C. 溶酶体 D. 核糖体

7. 原核细胞的呼吸酶定位在( )。
A. 细胞质中 B. 质膜上 C. 线粒体内膜上 D. 类核区内

8. 在英国引起疯牛病的病原体是( )。
A. 朊病毒(Prion) B. 病毒(Virus)
C. 立克次体 D. 支原体

9. 构成蛋白质的基本单位是( )。
A. 氨基酸 B. 核苷酸 C. 脂肪酸 D. 磷酸

10. DNA 双螺旋结构的发现者是( )。
A. Robert Hook B. Schleiden 和 Schwan
C. Flemming D. Watson 和 Crick

11. 处于等电点状态的氨基酸在水溶液中( )。
A. 带正电荷 B. 带负电荷
C. 不带电荷 D. 净电荷为零

12. 组成核苷酸的糖是( )。
A. 葡萄糖 B. 半乳糖 C. 戊糖 D. 甘露糖

13. 下列哪个核苷酸不是 RNA 的组成成分?( )
A. TMP B. AMP C. GMP D. UMP

14. 在 DNA 链中连接两种单核苷酸的化学键是( )。
A. 磷酸二酯键 B. 高能磷酸键 C. 酯键 D. 氢键

三、名词解释(英文的先翻译成中文,再解释)

1. 细胞
2. Virus
3. 生物大分子
4. 原核细胞

四、判断题

1. 病毒是仅由一种核酸和蛋白质构成的核酸蛋白质复合体。（　　）
2. 支原体是目前发现的最小、最简单的生物。（　　）
3. 所有细胞的表面均有由磷脂双分子层和镶嵌蛋白质构成的生物膜即细胞膜。（　　）
4. 细菌的 DNA 复制、RNA 转录与蛋白质的翻译可以同时进行，没有严格的时间上的阶段性与空间上的区域性。（　　）
5. 细菌的基因组主要是由一个环状 DNA 分子盘绕而成的，特称为核区或拟核。（　　）
6. 原核细胞与真核细胞相比，一个重要的特点就是原核细胞内没有细胞器。（　　）
7. 所有的细胞均具有两种核酸，即 DNA 和 RNA。（　　）
8. 核糖体仅存在于真核细胞中，而在原核细胞中没有。（　　）
9. 病毒的增殖又称病毒的复制，与细胞的增殖方式一样为二分分裂。（　　）
10. 细菌核糖体的沉降系数为 70S，由 50S 大亚基和 30S 小亚基组成。（　　）

五、简答题

1. 如何理解“细胞是生命活动的基本单位”？
2. 为什么说支原体是目前发现的最小、最简单的能独立生活的细胞生物？
3. 简述原核细胞与真核细胞的主要区别。
4. 简述 DNA 与 RNA 的区别。

参 考 答 案

一、填空题

1. 脂类；蛋白质；细胞膜；两；二分分裂；核糖体。
2. 小；简单；活细胞；非细胞。

3. 小;环;DNA;细胞器;核膜;多功能性。

4. 细胞膜;遗传信息载体 DNA 与 RNA;进行蛋白质生物合成的一定数量的核糖体。

5. 细胞壁;细胞膜;间体;荚膜;鞭毛。

6. 大量元素;微量元素。

7. 70S;80S。

8. 结合水;自由水。

9. 生物膜结构系统;遗传信息表达系统;细胞骨架系统。

10. 支原体;0.1 μm。

11. 氨基端;N 端;羧基端;C 端。

12. 一;球状;多;线状。

二、选择题

1. B 2. A 3. C 4. C 5. B 6. D 7. B 8. A 9. A 10. D
11. D 12. C 13. A 14. A

三、名词解释

1. 细胞:由膜围成的、能进行独立繁殖的最小原生质团,是生物体最基本的结构和生理功能单位。其基本结构包括:细胞膜、细胞质、细胞核(拟核)。

2. Virus:迄今发现的最小的、最简单的专营活细胞内寄生的非细胞生物体,是仅由一种核酸(DNA 或 RNA)和蛋白质构成的核酸蛋白质复合体。

3. 生物大分子:指细胞内分子量巨大、结构复杂、具有生物活性、决定生物体结构和功能的有机分子。

4. 原核细胞:没有由膜围成的明确的细胞核、体积小、结构简单、进化地位原始的细胞。

四、判断题

1. √ 2. × 3. √ 4. √ 5. √ 6. × 7. √ 8. × 9. ×
10. √

五、简答题

1. 如何理解“细胞是生命活动的基本单位”？

答：(1) 细胞是构成有机体的基本单位。一切有机体均由细胞构成，只有病毒是非细胞形态的生命体。

(2) 细胞具有独立的、有序的自控代谢体系，细胞是代谢与功能的基本单位。

(3) 细胞是有机体生长与发育的基础。

(4) 细胞是遗传的基本单位，细胞具有遗传的全能性。

(5) 细胞是生命起源和进化的基本单位。

(6) 没有细胞就没有完整的生命。

2. 为什么说支原体是目前发现的最小、最简单的能独立生活的细胞生物？

答：支原体的结构和机能极为简单。具备一个细胞生存与增殖必须具备的结构：细胞膜、遗传信息载体 DNA 与 RNA、进行蛋白质合成的一定数量的核糖体以及催化主要酶促反应所需要的酶。这些结构及其功能活动所需空间不可能小于 100 nm。因此作为比支原体更小、更简单的细胞，又要维持细胞生命活动的基本要求，似乎是不可能存在的，所以说支原体是最小、最简单的细胞。

3. 简述原核细胞与真核细胞的主要区别。

答：略。

4. 简述 DNA 与 RNA 的区别。

答：见下表。

DNA 与 RNA 的区别

类别	核苷酸组成	核苷酸种类	结构	存在部位	功　能
RNA	磷　酸 核　糖 碱　基 (AUGC)	腺嘌呤核苷酸(AMP) 鸟嘌呤核苷酸(GMP) 胞嘧啶核苷酸(CMP) 尿嘧啶核苷酸(UMP)	单链	主要存在于细胞质中	与遗传信息的表达有关
DNA	磷　酸 核　糖 碱　基 (ATGC)	腺嘌呤核苷酸(AMP) 鸟嘌呤核苷酸(GMP) 胞嘧啶核苷酸(CMP) 胸腺嘧啶核苷酸(TMP)	双链	主要存在于细胞核中	是遗传物质的载体

第四章 细胞膜与物质的穿膜转运

一、名词解释

1. 生物膜
2. 脂质体
3. 双亲媒性分子(兼性分子)
4. 内在蛋白
5. 外周蛋白
6. 细胞外被
7. 主动运输
8. 被动运输
9. 配体门控通道
10. 有被小泡
11. 钠钾泵(Na^+-K^+ pump)
12. 胞吞作用
13. 胞吐作用
14. 连续性分泌(constitutive secretion)
15. 受调分泌(regulated secretion)
16. ATP 驱动泵

二、填空题

1. 细胞膜的最显著特性是____________和____________。

2. 细胞膜的膜脂主要包括________、________和________,其中以________为主。

3. 细胞胞吐作用的途径分为________和________。

4. 通道扩散与易化扩散不同的是,它________且扩散速度远比易化扩散要________。

5. 细胞膜的主要成分是________、________和________。

6. 磷脂分子是兼性分子,它具有________和________两个不同性质的部分。

7. 根据膜蛋白与膜脂的关系，可将其分为______、______蛋白和______蛋白。

8. 小分子物质的跨膜转运根据是否消耗细胞的代谢能分为______和______两种方式。大分子物质主要通过______和______完成物质转运。

9. 大分子物质要进入细胞，可通过_______、_______或_______来实现。

10. 在特定条件下才能开放的跨膜通道有________、________和________。

11. 主动运输需要________和________才能逆浓度梯度转运物质。

12. Na^+与葡萄糖的伴随运输中，葡萄糖逆浓度梯度转运，其能量来自______。

13. ATP 驱动泵根据蛋白的结构和功能特性，可分为四类，分别是________、________、________和________。

三、选择题(每题只有一个最佳答案)

1. 生物膜是指(　　)。

A. 单位膜　　B. 包围在细胞外面的一层薄膜

C. 细胞膜及内膜系统的总称　　D. 细胞膜和细胞内各种膜的总称

2. 生物膜的主要化学成分是(　　)。

A. 蛋白质和核酸　　B. 蛋白质和糖类

C. 蛋白质和脂肪　　D. 蛋白质和脂类

3. 生物膜的作用不包括(　　)。

A. 区域化　　B. 参与微管的组装　　C. 提供能量　　D. 运输物质

4. 膜脂中最多的是(　　)。

A. 脂肪　　B. 糖脂　　C. 磷脂　　D. 胆固醇

5. 在电子显微镜上，单位膜为(　　)。

A. 一层深色带　　B. 二层浅色带和中间一层深色带

C. 一层浅色带　　D. 二层深色带和中间一层浅色带

6. 生物膜的液态流动性主要取决于(　　)。

A. 蛋白质　　B. 多糖　　C. 脂类　　D. 糖蛋白

7. 膜结构功能的特殊性主要取决于(　　)。

A. 膜中的脂类　　B. 膜中蛋白质的组成

C. 膜中脂类和蛋白质的比例　　D. 膜中脂类与蛋白质的关系

8. Na^+-K^+泵由 α、β 两个亚基组成，当 α 亚基上的(　　)磷酸化才可能引起 α 亚基构象变化，而将 Na^+ 泵出细胞外。

A. 苏氨酸　　B. 酪氨酸　　C. 天冬氨酸　　D. 半胱氨酸

9. 下列哪种运输不消耗细胞的代谢能？(　　)

A. 胞饮　　B. 协助扩散　　C. 胞吞　　D. 主动运输

10. 膜脂分子分布的不对称性是指(　　)。

A. 脂分子在膜上亲水头部与疏水尾部不对称

B. 在两层膜脂中脂分子的种类和数量不同

C. 在两层膜脂中膜蛋白不同

D. 细胞膜外表面是亲水的,内表面是疏水的

11. 膜脂分子不具备的运动方式是(　　)。

A. 向各方向运动　　B. 侧向扩散

C. 翻转运动　　D. 旋转运动

12. 糖分布在细胞膜的(　　)。

A. 内表面　　B. 外表面

C. 内、外表面　　D. 内、外表面之间

13. Na^+逆浓度梯度运出细胞,其转运方式是(　　)。

A. 主动运输　　B. 简单扩散　　C. 易化扩散　　D. 胞吞作用

14. Na^+-K^+泵转运方式属于(　　)。

A. P-型离子泵　　B. 协同运输　　C. ABC 转运体　　D. 对向运输

15. Na^+-K^+泵水解一分子 ATP 可转运(　　)。

A. 3 个 Na^+、2 个 K^+　　B. 3 个 K^+、2 个 Na^+

C. 2 个 Na^+、2 个 K^+　　D. 3 个 Na^+、3 个 K^+

16. 载体蛋白顺浓度梯度转运 Na^+ 入胞的同时,将葡萄糖逆浓度梯度一起带入胞内,此转运方式不属于下列哪一种?(　　)

A. 被动运输　　B. 主动运输　　C. 协同运输　　D. 同向协同

17. 不受条件控制的跨膜通道为(　　)。

A. 配体门控通道　　B. 应力激活通道

C. 电压门控通道　　D. 持续开放通道

18. 细胞摄入 LDL 颗粒的过程是(　　)。

A. 自由扩散　　B. 吞噬作用

C. 主动运输　　D. 受体介导的胞吞作用

19. 有被小窝的作用是(　　)。

A. 使特定受体聚集　　B. 吞入大分子物质

C. 防止大分子泄漏　　D. 使细胞膜牢固

20. 目前得到广泛接受和支持的细胞膜分子结构模型是(　　)。

A. 单位膜模型　　B. 板块镶嵌模型

C. 流动镶嵌模型　　D. 晶格镶嵌模型

四、判断题

1. 脂质体是根据磷脂分子可在水相中形成稳定的脂双层膜的趋势而制备的人工膜。(　　)

2. 外在(外周)膜蛋白为水不溶性蛋白,形成跨膜螺旋,与膜结合紧密,需用去垢剂使膜崩解后才可分离。(　　)

3. 胞吞作用与胞吐作用是大分子物质与颗粒性物质的跨膜运输方式,也是一种主动运输,需要消耗能量。(　　)

4. 协助扩散是一种不需要消耗细胞代谢能、不需要载体参与的被动运输方式。(　　)

5. 大分子物质及颗粒通常以膜泡方式运输,而小分子及离子往往以穿膜方式运输。(　　)

6. 主动运输是物质顺化学梯度的穿膜运输,并需要专一的载体参与。(　　)

7. 胞吞作用和胞吐作用都是通过膜泡运输的方式进行的,不需要消耗能量。(　　)

8. 膜脂分子的运动是膜流动性的主要原因。(　　)

9. 所有膜脂和膜蛋白都是兼性分子。(　　)

10. 胞吐作用和胞吞作用在转运大分子物质的同时,进行细胞膜与细胞内膜的交流。(　　)

11. 通道蛋白介导的物质的运输都属于被动运输。(　　)

12. 主动运输都需要消耗能量,且都由 ATP 提供。(　　)

13. V 型质子泵在结构上与钙泵相似,在转运质子的过程中,涉及磷酸化和去磷酸化。(　　)

14. 所有胞吞的物质最终都会进入溶酶体被降解。(　　)

15. 对于具有抗药性的肿瘤细胞或疟原虫,其质膜上的 ABC 转运蛋白比没有抗药性的细胞表达量要高。(　　)

五、简答题

1. 生物膜的基本结构特征是什么?与它的生理功能有什么联系?

2. 试比较单位膜模型与流动镶嵌模型的优缺点。

3. 简述细胞膜的基本特性。

4. 比较主动运输与被动运输的异同。

5. 试论述 Na^+-K^+ 泵的结构及作用机理。

6. 小分子物质和大分子物质在细胞内外的转运有什么不同?

7. 试述受体介导的胞吞作用途径及受体去向。

参考答案

一、名词解释

1. 生物膜:把细胞所有膜相结构称为生物膜。包括细胞膜和细胞内膜。

2. 脂质体:根据磷脂分子可在水相中形成稳定的脂双分子层而制备的人工膜。

3. 双亲媒性分子(兼性分子):像磷脂分子既含亲水性的头部、又含疏水性的尾部,这样的分子叫双亲媒性分子。

4. 内在蛋白:为兼性蛋白,分布于磷脂双分子层之间,以疏水氨基酸与磷脂分子的疏水尾部结合,结合力较强,是细胞膜功能的主要承担者。只有用去垢剂处理,使膜崩解后,才能将它们分离出来。

5. 外周蛋白:为水溶性蛋白,靠离子键或其他弱键与膜表面的蛋白质分子或脂分子极性头部非共价结合,易分离。

6. 细胞外被:细胞外被(cell coat)又称糖萼,是细胞膜外表面覆盖的一层黏多糖物质,实际上是细胞表面与质膜中的蛋白或脂类分子共价结合的寡糖链,是膜正常的结构组分,对膜蛋白起保护作用,在细胞识别中起重要作用。

7. 主动运输:物质逆浓度梯度或电化学梯度,由低浓度向高浓度一侧进行跨膜转运的方式,需要细胞提供能量,需要载体蛋白的参与。

8. 被动运输:物质通过自由扩散或协助扩散,顺浓度梯度从高浓度向低浓度运输,运输动力来自运输物质的浓度梯度,不需要细胞提供能量。

9. 配体门控通道:通道蛋白亚基在膜上形成的孔道,如果通过与一些信号分子(配体)结合后构象发生改变而导致孔道的开关,则这样的通道蛋白称为配体门控通道。

10. 有被小泡:大多数真核细胞都含有一种特殊类型的小泡,直径 50～250 nm,电镜下显示其细胞质面有毛状结构覆盖,因而称为有被小泡。有被小泡的一部分在高尔基复合体形成,负责细胞内细胞器间的物质传送;另一部分则来自细胞膜有被区的内陷,然后与膜分离而持续不断产生的,这些有被区称为有被小窝。

11. 钠钾泵(Na^+-K^+ pump):是动物细胞中由 ATP 驱动的将 Na^+ 输出到细

胞外同时将 K^+ 输入细胞内的运输泵,实际上是位于细胞膜脂双分子层中的载体蛋白,是一种 Na^+/K^+ ATP 酶,在 ATP 直接提供能量的条件下能逆浓度梯度主动转运钠离子和钾离子。

12. 胞吞作用:细胞摄取大分子和颗粒性物质时,细胞膜向内凹陷形成囊泡,将物质裹进并输入细胞的过程。

13. 胞吐作用:细胞排出大分子和颗粒性物质时,通过形成囊泡从细胞内部移至细胞表面,囊泡的膜与质膜融合,将物质排出细胞外的过程。

14. 连续性分泌:是指分泌蛋白在粗面内质网合成之后,转运至高尔基复合体,经修饰、浓缩、分选,形成分泌泡并与质膜融合、将分泌小泡的内含物释放到细胞外的过程。此过程不需要任何信号的触发,除了给细胞外提供酶、生长因子和细胞外基质成分外,还为细胞膜提供膜整合蛋白和膜脂。

15. 受调分泌:某些特化的细胞(如分泌细胞)产生的分泌物(如激素、黏液或消化酶)储存在分泌泡内,当细胞受到胞外信号刺激时,分泌泡与质膜融合并将内含物释放出去的过程。

16. ATP 驱动泵:是指以 ATP 水解释能量作为能源进行主动运输的载体蛋白家族,包括 P-型离子泵、V-型质子泵、F-型质子泵和 ABC 转运体。

二、填空题

1. 流动性;不对称性。
2. 磷脂;糖脂;胆固醇;磷脂。
3. 连续性分泌;受调分泌。
4. 没有饱和现象;速度快。
5. 脂类;蛋白质;糖类。
6. 亲水头部;疏水尾部。
7. 内在膜蛋白;周外膜;脂锚定。
8. 被动运输;主动运输;胞吞作用;胞吐作用。
9. 吞噬作用;胞饮作用;受体介导的胞吞作用。
10. 配体门控通道;应力激活通道;电压门控通道。
11. 载体蛋白;代谢能(ATP)。
12. Na^+ 的电化学梯度。
13. P-型离子泵;V-型质子泵;F-型质子泵;ABC 转运体。

三、选择题

1. D　2. D　3. B　4. C　5. D　6. C　7. B　8. C　9. B　10. B

11. A 12. B 13. A 14. A 15. A 16. A 17. D 18. D
19. A 20. C

四、判断题

1. √ 2. × 3. √ 4. × 5. √ 6. × 7. × 8. √ 9. ×
10. √ 11. √ 12. × 13. × 14. × 15. √

五、简答题

1. 生物膜的基本结构特征是什么？与它的生理功能有什么联系？

答：生物膜的基本结构特征：① 磷脂双分子层组成生物膜的基本骨架，具有极性的头部和非极性的尾部的脂分子在水相中具有自发形成封闭膜系统的性质，以非极性尾部相对，以极性头部朝向水相。这一结构特点为细胞和细胞器的生理活动提供了一个相对稳定的环境，使细胞与外界、细胞器与细胞器之间有了一个界面；② 蛋白质分子以不同的方式镶嵌其中或结合于表面，蛋白质的类型、数量的多少、蛋白质分布的不对称性及其与脂分子的协同作用赋予生物膜不同的特性与功能。这些结构特征有利于物质的选择运输，提供细胞识别位点，为多种酶提供了结合位点，同时参与形成不同功能的细胞表面结构特征。

2. 试比较单位膜模型与流动镶嵌模型的优缺点。

答：单位膜模型的主要内容：两暗一明，细胞共有，厚约 7.5 nm，各种膜都具有相似的分子排列和起源。

单位膜模型的不足：① 膜是静止的、不变的。但是在生命系统中一般功能的不同常伴随着结构的差异，这样共同的单位膜结构很难与膜的多样性与特殊性一致起来；② 膜的厚度一致：不同膜的厚度不完全一样，变化范围在 5～10 nm；③ 蛋白质在脂双分子层上为伸展构型：很难理解有活性的球形蛋白怎样保持其活性，通常蛋白质形状的变化会导致其活性发生深刻的变化。

流动镶嵌模型的主要内容：脂双分子层构成膜的基本骨架，蛋白质分子或镶在表面或部分或全部嵌入其中或横跨整个脂类层。

优点：① 强调膜的流动性：认为膜的结构成分不是静止的，而是动态的，细胞膜是由流动的脂类双分子层中镶嵌着球蛋白按二维排列组成的，脂类双分子层是像轻油般的流体，具有流动性，能够迅速地在膜平面进行侧向运动；② 强调膜的不对称性：大部分膜是不对称的，在其内部及其内外表面具有不同功能的蛋白质；脂类双分子层，内外两层脂类分子也是不对称的。

3. 简述细胞膜的基本特性。

答：细胞膜的最基本的特性是不对称性和流动性。细胞膜的不对称性是由膜脂分布的不对称性和膜蛋白分布的不对称性所决定的。膜脂分布的不对称性表现在：① 膜脂双分子层内外层所含脂类分子的种类不同；② 脂双分子层内外层磷脂分子中脂肪酸的饱和度不同；③ 脂双分子层内外层磷脂所带电荷不同；④ 糖脂均分布在外层脂质中。膜蛋白的不对称性表现在：① 糖蛋白的糖链主要分布在膜外表面；② 跨膜蛋白细胞外结构域与细胞内结构域在结构和功能上都存在差异；③ 外周蛋白主要位于细胞膜的细胞质面，没有哪一种外周蛋白既位于外表面，又位于细胞质面。膜糖均位于细胞膜的外表面。

膜的流动性是由膜内部脂质分子和蛋白质分子的运动性所决定的。膜脂的流动性和膜蛋白的运动性使得细胞膜成为一种动态结构；膜脂分子的运动表现在：① 侧向扩散；② 旋转运动；③ 摆动运动；④ 翻转运动。膜蛋白的分子运动则包括侧向扩散和旋转运动。

4. 比较主动运输与被动运输的异同。

答：① 运输方向不同：主动运输逆浓度梯度或电化学梯度，被动运输：顺浓度梯度或电化学梯度；② 是否需要载体的参与：主动运输需要载体参与，被动运输方式中，简单扩散不需要载体参与，而协助扩散需要载体的参与；③ 是否需要细胞直接提供能量：主动运输需要消耗能量，而被动运输不需要消耗能量；④ 被动运输是减少细胞与周围环境的差别，而主动运输则是努力创造差别，维持生命的活力。

5. 试论述 Na^+-K^+ 泵的结构及作用机理。

答：(1) 结构：由两个 α 亚基和两个 β 亚基组成，α 亚基为多次跨膜的催化亚单位，β 亚基为单次跨膜且具有组织特异性的糖蛋白。前者对 Na^+ 和 ATP 的结合位点在细胞质面，对 K^+ 的结合位点在膜的外表面。

(2) 机制：在细胞内侧，α 亚基与 3 个 Na^+ 相结合促进 ATP 水解，α 亚基上的一个天门冬氨酸残基磷酸化引起 α 亚基的构象发生变化，将 3 个 Na^+ 泵出细胞外，同时将细胞外的 2 个 K^+ 与 α 亚基的另一个位点结合，使其去磷酸化，α 亚基恢复初始构象将 2 个 K^+ 泵进细胞，完成整个循环。Na^+ 依赖的磷酸化和 K^+ 依赖的去磷酸化引起构象变化有序交替发生。每个循环消耗一个 ATP 分子，泵出 3 个 Na^+ 和泵进 2 个 K^+。

6. 小分子物质和大分子物质在细胞内外的转运有什么不同？

答：小分子物质的转运是靠直接穿过细胞膜来实现的，称跨膜转运，包括主动运输和被动运输（简单扩散和易化扩散）。而大分子物质不能穿过细胞膜，只能靠膜性囊泡的形成和融合来实现转运，称膜泡转运。大分子进入细胞为胞吞作用，排出细胞为胞吐作用。在胞吞作用中，按吞入物质的性质和形成内吞泡的大小分成吞噬作用和胞饮作用，按特异性则分成非特异性胞吞和特异性胞吞作用——受体介导的胞吞作用。

7. 试述受体介导的胞吞作用途径及受体去向。

答:转运物与受体结合→胞吞泡(网格蛋白包被膜泡)→脱包被→脱包被转运泡→与胞内体融合→在胞内体酸性环境中转运物与受体分离→转运至溶酶体→转运物被消化→机体利用。

受体有三个去向:一是返回原来的质膜结构域,重新发挥受体的作用(如 LDL 受体);二是进入溶酶体中被消化,受体下行调节(如与表皮生长因子 EGF 结合的细胞表面受体);三是被运至细胞另一侧的质膜,跨细胞转运(如母鼠的抗体从血液通过上皮细胞进入母乳中,乳鼠肠上皮细胞将抗体摄入体内)。

第五章　细胞的内膜系统与囊泡转运

一、名词解释

1. 微粒体
2. 糙面内质网
3. 内膜系统(endomembrane system)
4. 分子伴侣(molecular chaperone)
5. 溶酶体
6. 残余小体
7. 蛋白质分选
8. 信号假说
9. 共转移
10. 后转移
11. 信号肽
12. 信号斑
13. 膜流
14. 自噬作用

二、填空题

1. 在糙面内质网上合成的蛋白质主要包括________、________、________等。

2. 蛋白质的糖基化修饰主要分为________和________;其中________主要在内质网上进行,指的是蛋白质上的________与________直接连接,而________则是蛋白质上的________与________直接连接。

3. 肌细胞中的内质网异常发达,被称为________。

4. 原核细胞中核糖体一般结合在______,而真核细胞中则结合在______。

5. 真核细胞中,________是合成脂类分子的细胞器。

6. 内质网的标志酶是________。

7. 细胞质中合成的蛋白质如果存在________,将转移到内质网上继续合成。如果该蛋白质上还存在________序列,则该蛋白被定位到内质网膜上。

8. 高尔基体三个功能区分别是________、________和________。

9. 具有将蛋白进行修饰、分选并分泌到细胞外的细胞器是________。

10. 被称为细胞内大分子运输交通枢纽的细胞器是________。

11. 蛋白质的糖基化修饰中，N-连接的糖基化反应一般发生在________，而O-连接的糖基化反应则发生在________中。

12. 蛋白质的水解加工过程一般发生在________中。

13. 根据溶酶体所处的完成其生理功能的不同阶段，大致可将溶酶体分为________、________和________。

14. 溶酶体的标志酶是________。

15. 被称为细胞内的消化器官的细胞器是________。

16. 动物细胞中，酸性水解酶多存在于________中。

17. 溶酶体酶蛋白常见的分选信号是________。

18. 电镜下可用于识别过氧化物酶体的主要特征是________。

19. 过氧化物酶体标志酶是________。

20. 信号假说中，要完成含信号肽的蛋白质从细胞质中向内质网的转移需要细胞质中的________和内质网膜上的________的参与协助。

21. 在内质网上进行的蛋白合成过程中，肽链边合成边转移到内质网腔中的方式称为________。而含导肽的蛋白质在细胞质中合成后再转移到细胞器中的方式称为________。

三、选择题

1. 属于溶酶体病的是(　　)。
   A. 台-萨氏病　B. 克山病　C. 白血病　D. 贫血病
2. 真核细胞中，酸性水解酶多存在于(　　)。
   A. 内质网　B. 高尔基体　C. 中心体　D. 溶酶体
3. 真核细胞中合成脂类分子的场所主要是(　　)。
   A. 内质网　B. 高尔基体　C. 核糖体　D. 溶酶体
4. 被称为细胞内大分子运输交通枢纽的细胞器是(　　)。
   A. 内质网　B. 高尔基体　C. 中心体　D. 溶酶体
5. 下列哪组蛋白质的合成开始于胞液中，在糙面内质网上合成？(　　)
   A. 膜蛋白、核定位蛋白　B. 分泌蛋白、细胞骨架
   C. 膜蛋白、分泌蛋白　D. 核定位蛋白、细胞骨架
6. 细胞内钙的储备库是(　　)。
   A. 细胞质　B. 内质网　C. 高尔基体　D. 溶酶体

7. 硅肺是一种职业病，与溶酶体有关，其发病机制是（　　）。

A. 溶酶体的酶没有活性　　B. 溶酶体的数量不够

C. 矽粉使溶酶体破坏　　D. 都不对

8. 质子泵存在于（　　）。

A. 内质网膜上　　B. 高尔基体膜上

C. 溶酶体膜上　　D. 过氧化物酶体膜上

9. 下列蛋白质中，合成前期具有信号肽的是（　　）。

A. 微管蛋白　　B. 肌动蛋白　　C. 停泊蛋白　　D. 都不对

10. 细胞核内的蛋白质主要通过（　　）完成转运。

A. 跨膜运输　　B. 门控运输

C. 膜泡运输　　D. 由核膜上的核糖体合成

11. 在内质网合成后的磷脂被（　　）转运至过氧化物酶体的膜上。

A. 磷脂转位因子　　B. 磷脂转换蛋白

C. 膜泡　　D. 细胞骨架

12. 内质网的主要生物学功能不包括（　　）。

A. 蛋白质合成　　B. 合成脂类

C. 对蛋白质进行加工和转运　　D. 参与细胞氧化过程

13. 负责从内质网到高尔基体物质运输的膜泡类型是（　　）。

A. 网格蛋白包被膜泡　　B. COPⅠ包被膜泡

C. 胞内体　　D. COPⅡ包被膜泡

14. 下列哪种配对是错误的？（　　）。

A. RER——粗面内质网　　B. MTOC——微管组织中心

C. SRP——信号识别颗粒　　D. cAMP——腺嘌呤核苷酸

15. 一般分泌蛋白质合成旺盛的细胞（　　）。

A. 高尔基复合体明显增多　　B. 细胞明显减小

C. 核仁明显减小　　D. 细胞核明显增大

16. 蛋白聚糖是细胞外基质的一个重要成分，其组装是在（　　）中进行的。

A. 高尔基体　　B. 胞内体　　C. 内质网　　D. 核糖体

17. 细胞内衰老、死亡或残损细胞器的清除主要靠（　　）。

A. 自体结构破裂并溶解　　B. 细胞膜的胞吐作用

C. 自噬作用　　D. 异噬作用

18. 溶酶体膜上的质子泵属于（　　）。

A. V 型质子泵　　B. P 型质子泵

C. F 型质子泵　　D. 以上都不是

19. 以下哪个途径的物质运输确定是 COPⅠ包被膜泡参与的？（　　）。

A. 高尔基体→溶酶体　　B. 质膜→胞内体
C. 内质网→高尔基体　　D. 高尔基体→内质网

20. 真核细胞中,酸性水解酶多存在于(　　)。
A. 内质网　B. 高尔基体　C. 中心体　D. 溶酶体

21. 参与蛋白质合成与运输的一组细胞器是(　　)。
A. 细胞核、内质网、溶酶体　　B. 核糖体、内质网、高尔基复合体
C. 线粒体、内质网、溶酶体　　D. 细胞核、微管、内质网

22. 细胞中能够进行蛋白质合成的区域不包括(　　)。
A. 线粒体和叶绿体　　B. 内质网
C. 细胞质基质　　D.高尔基体

23. 以下哪种蛋白不属于分子伴侣?(　　)。
A. HSP70　　B. 结合蛋白(Bip)
C. 蛋白二硫异构酶　　D. 泛素

24. 糙面内质网上合成的蛋白质不包括(　　)。
A. 向细胞外分泌的蛋白
B. 膜整合蛋白
C. 内膜系统细胞器中的可溶性驻留蛋白
D. 核糖体蛋白

25. 下列细胞器中,对胞吞大分子物质起分选作用的是(　　)。
A. 胞内体　　B. 高尔基体
C. 光面内质网　　D. 糙面内质网

四、判断题

1. 细胞中蛋白质的合成都是在细胞质基质中进行的。(　　)
2. 溶酶体是一种异质性细胞器。(　　)
3. 由生物膜包被的细胞器统称为内膜系统。(　　)
4. 分泌功能旺盛的细胞,其糙面内质网的数量越多。(　　)
5. 氨基化是内质网中最常见的蛋白质修饰。(　　)
6. O-连接的糖基化主要在内质网进行。(　　)
7. 在高尔基体的顺面膜囊上存在 M6P 的受体,这样溶酶体的酶与其他蛋白区分开来,并得以浓缩,最后以出芽的方式转运到溶酶体中。(　　)
8. 指导分泌性蛋白到糙面内质网上合成的决定因素是信号识别颗粒。(　　)
9. 过氧化物酶体基质蛋白是在粗面内质网合成,通过膜泡转移至过氧化物酶体的。(　　)

10. 所有的信号序列在引导蛋白质到达目的地之后都被水解酶切除。(　　)

11. 分子伴侣协助多肽链转运、折叠或装配,但不参与终产物的形成。(　　)

12. 溶酶体只消化通过胞吞作用所摄入的物质。(　　)

13. N-连接的糖基化修饰产生的糖链一般比 O-连接的糖基化修饰所产生的糖链长。(　　)

14. 微体和微粒体都是细胞质中具有膜相结构的细胞器。(　　)

五、简答题

1. 信号假说的主要内容是什么?
2. 溶酶体有哪些基本功能?
3. 简述细胞质基质的功能。
4. 比较 N-连接糖基化和 O-连接糖基化的区别。
5. 何为蛋白质分选?细胞内蛋白质分选的基本途径、分选类型是怎样的?
6. 试述膜泡运输的类型及其功能。
7. 简述内质网的形态、结构和功能。
8. 溶酶体是如何发生的?
9. 简述高尔基复合体电镜结构与功能。
10. 怎样理解内膜系统在结构、功能和发生上的相关性?并解释线粒体为什么不属于内膜系统细胞器。

参 考 答 案

一、名词解释

1. 微粒体:为了研究 ER 的功能,常需要分离 ER 膜,用离心分离的方法将组织或细胞匀浆,经低速离心去除核及线粒体后,再经超速离心,破碎 ER 的片段又封合为许多小囊泡(直径约为 100 nm),这就是微粒体。

2. 糙面内质网:细胞质内有一些形状大小略不相同的小管、小囊连接成网状,集中在胞质中,故称为内质网。内质网膜的外表面附有核糖体颗粒,则为糙面内质网,为蛋白质合成的部位。核糖体附着的膜系多为扁囊单位成分,普遍存在于分泌蛋白质的细胞中,其数量随细胞而异,越是分泌旺盛的细胞中越多。

3. 内膜系统:细胞内在结构及功能乃至发生上相关的、由膜围绕的细胞器或细胞结构的统称,主要包括内质网、高尔基体、溶酶体、胞内体、分泌泡等。

4. 分子伴侣:又称分子“伴娘”,在细胞中,这类蛋白能识别正在合成的多肽或部分折叠的多肽,并与多肽的一定部位相结合,帮助这些多肽的转移、折叠或组装,但其本身并不参与最终产物的形成。

5. 溶酶体:溶酶体几乎存在于所有的动物细胞中,是由单层膜围绕、内含多种酸性水解酶类、形态不一、执行不同生理功能的囊泡状细胞器,主要功能是进行细胞内的消化作用,在维持细胞正常代谢活动及防御方面起重要作用。

6. 残余小体:在正常情况下,被吞噬的物质在次级溶酶体内进行消化作用,消化完成形成的小分子物质可通过膜上的载体蛋白转运至细胞质中,供细胞代谢用,不能消化的残渣仍留在溶酶体内,此时的溶酶体称为残余小体或三级溶酶体或后溶酶体。残余小体有些可通过外排作用排出细胞,有些则积累在细胞内不被排出,如表皮细胞的老年斑、肝细胞的脂褐质。

7. 蛋白质分选:细胞中绝大多数蛋白质均在细胞质基质中的核糖体上开始合成,随后或在细胞质基质中或转至糙面内质网上继续合成,然后,通过不同途径转运到细胞的特定部位并装配成结构与功能的复合体,参与细胞的生命活动的过程。又称定向转运。

8. 信号假说:1975 年 G. Blobel 和 D. Sabatini 等根据进一步实验依据提出,蛋白合成的位置是由其 N 端氨基酸序列决定的。他们认为:① 分泌蛋白在 N 端含有一信号序列,称信号肽,由它指导在细胞质基质开始合成的多肽和核糖体转移到 ER 膜;② 多肽边合成边通过 ER 膜上的水通道进入 ER 腔。这就是信号假说。

9. 共转移:肽链边合成边转移至内质网腔中的方式称为共转移。

10. 后转移:蛋白质在细胞质基质中合成以后再转移到其发挥功能的细胞器中,称为后转移。

11. 信号肽:分泌蛋白的 N 端序列,指导分泌性蛋白到内质网膜上合成,在蛋白合成结束前信号肽被切除。

12. 信号斑:位于蛋白质不同部位的氨基酸序列,在多肽链折叠后形成的一个斑块区,作为蛋白质分选的信号。

13. 膜流:膜相结构之间膜相互转换和移位的现象称为膜流。

14. 自噬作用:是依赖溶酶体途径对胞质蛋白和细胞器进行降解的一种过程。分为巨自噬、微自噬和分子伴侣介导的自噬三种方式。

二、填空题

1. 分泌蛋白;膜整合蛋白;内膜系统细胞器驻留蛋白。

2. N-连接;O-连接;N-连接;天冬酰胺残基;寡糖链;O-连接;丝氨酸或苏氨酸残基或羟赖氨酸或羟脯氨酸残基;糖基。

3. 肌质网。

4. 细胞质膜上;糙面内质网上。

5. 光面内质网。

6. 葡萄糖 6-磷酸酶。

7. 信号肽;停止转移。

8. 顺面膜囊;中间膜囊;反面膜囊。

9. 高尔基体。

10. 高尔基体。

11. 内质网中;高尔基体。

12. 高尔基体。

13. 初级溶酶体;次级溶酶体;残余小体(三级溶酶体)。

14. 酸性磷酸酶。

15. 溶酶体。

16. 溶酶体。

17. 6-磷酸甘露糖。

18. 尿酸氧化酶常形成晶格状结构。

19. 过氧化氢酶。

20. 信号识别颗粒;信号识别颗粒受体(停泊蛋白)。

21. 共转移;后转移。

三、选择题

1. A 2. D 3. A 4. B 5. C 6. B 7. C 8. C 9. C 10. B
11. B 12. D 13. D 14. D 15. A 16. A 17. C 18. A 19. D
20. D 21. B 22. D 23. D 24. D 25. A

四、判断题

1. × 2. √ 3. × 4. √ 5. × 6. × 7. × 8. × 9. × 10. ×

11. √ 12. × 13. √ 14. ×

五、简答题

1. 信号假说的主要内容是什么?

答:在细胞质中,mRNA 首先与核糖体结合,合成一段信号肽;SRP 识别信号肽并与之结合,SRP 的结合使肽链延伸暂停,SRP 构象改变并暴露出与内质网膜上 SRP-R 结合的位点并与之结合,随后 SRP 脱离信号肽回到细胞质中循环利用;由于 SRP 的脱离,肽链在内质网上继续合成,同时信号肽引导新生肽链通过易位子进入内质网腔;信号肽在内质网腔信号肽酶的作用下切除;肽链延伸至终止。

2. 溶酶体有哪些基本功能?

答:溶酶体几乎存在于所有的动物细胞中,是由单层膜围绕、内含多种酸性水解酶类、形态不一、执行不同生理功能的囊泡状细胞器,主要功能是进行细胞内的消化作用,在维持细胞正常代谢活动及防御方面起重要作用。

(1) 清除无用的生物大分子、衰老的细胞器及衰老损伤和死亡的细胞(自体吞噬)。

(2) 防御功能(病原体感染刺激单核细胞分化成巨噬细胞而被吞噬、消化)(异体吞噬)。

(3) 其他重要的生理功能:① 作为细胞内的消化器官为细胞提供营养;② 分泌腺细胞中,溶酶体摄入分泌颗粒参与分泌过程的调节;③ 参与清除赘生组织或退行性变化的细胞;④ 受精过程中的精子的顶体作用。

3. 简述细胞质基质的功能。

答:(1) 物质中间代谢的重要场所,如糖酵解过程、磷酸戊糖途径、糖醛酸途径、糖原的合成部分分解、蛋白质和脂肪酸的合成等。

(2) 与细胞骨架相关的功能,维持细胞形态、细胞运动、胞内物质运输及能量传递等,而且作为细胞质基质这一结构体系的组织者,为细胞质基质中的其他成分和细胞器提供锚定位点。

(3) 蛋白质的修饰,包括辅酶或辅基与酶的共价结合、磷酸化与去磷酸化、糖基化、N-端甲基化、酰基化等。

(4) 蛋白质选择性的降解。

(5) 帮助变性或错误折叠的蛋白质重新折叠,形成正确的分子构象。

4. 比较 N-连接糖基化和 O-连接糖基化的区别。

答:N-连接与 O-连接的寡糖比较如下表:

N-连接与O-连接的寡糖比较

特　征	N-连接	O-连接
合成部位	糙面内质网	高尔基体
合成方式	来自同一个寡糖前体	一个个单糖加上去
与之结合的氨基酸残基	天冬酰胺	丝氨酸、苏氨酸、羟赖氨酸、羟脯氨酸
最终长度	至少5个糖残基	一般1～4个糖残基,但ABO血型抗原较长
第一个糖残基	N-乙酰葡萄糖胺	N-乙酰半乳糖胺等

5. 何为蛋白质分选?细胞内蛋白质分选的基本途径、分选类型是怎样的?

答:蛋白质的分选:细胞中绝大多数蛋白质均在细胞质基质中的核糖体上开始合成,随后或在细胞质基质中或转至糙面内质网上继续合成,然后,通过不同途径转运到细胞的特定部位并装配成结构与功能的复合体,参与细胞的生命活动的过程又称定向转运。

细胞中蛋白质都是在核糖体上合成的,并都是起始于细胞质基质中。基本途径:一条是在细胞质基质中完成多肽链的合成,然后转运至膜围绕的细胞器,如线粒体、叶绿体、过氧化物酶体、细胞核及细胞质基质的特定部位,有些还可转运至内质网中;另一条途径是蛋白质合成起始后转移至糙面内质网,新生肽边合成边转入糙面内质网腔中,随后经高尔基体转运至溶酶体、细胞膜或分泌到细胞外,内质网与高尔基体本身的蛋白成分的分选也是通过这一途径完成的。

蛋白质分选的四种基本类型:

(1) 蛋白质的跨膜转运:主要指在细胞质基质合成的蛋白质转运至内质网、线粒体、叶绿体和过氧化物酶体等细胞器。

(2) 膜泡运输:蛋白质通过不同类型的转运小泡从其糙面内质网合成部位转运至高尔基体进而分选运至细胞不同的部位。

(3) 选择性的门控转运:指在细胞质基质中合成的蛋白质通过核孔复合体选择性地完成核输入或从细胞核返回细胞质。

(4) 细胞质基质中的蛋白质的转运。

6. 试述膜泡运输的类型及其功能。

答:(1) 网格蛋白包被小泡。负责蛋白质从高尔基体TGN到质膜、胞内体或溶酶体和植物液泡运输;在受体介导的细胞内吞途径中也负责将物质从质膜到细胞质,胞内体到溶酶体的运输;高尔基体TGN是网格蛋白包被小泡形成的发源地。

(2) COPⅡ包被小泡。负责从内质网到高尔基体的物质运输。

(3) COPⅠ包被小泡。负责回收、转运内质网逃逸蛋白返回 ER。回收信号：Lys-Asp-Glu-Leu(KDEL)；COPⅠ也介导高尔基体不同区域间的蛋白质运输。

7. 简述内质网的形态、结构和功能。

答：(1) 形态：内质网根据表面是否附着核糖体分为粗面内质网(RER)和滑面内质网(SER)。其中 RER 形态多为板层状排列的扁囊，多分布在分泌活动旺盛或分化较完善的细胞内(胰腺细胞、浆细胞)，SER 形态多为分枝小管或小泡状，多分布在脂类合成旺盛的细胞内。

(2) 粗面内质网因表面附着核糖体，其功能主要是蛋白质的合成、加工和运输。① 蛋白质合成。在内质网合成的蛋白质主要有：a. 向细胞外分泌的蛋白，如抗体、激素；b. 膜蛋白，如膜抗原、膜受体；c. 内膜系统细胞器中的可溶性驻留蛋白，如 ER、GB、LY 中的可溶性驻留蛋白。② 蛋白质的修饰与加工。包括糖基化、羟基化、酰基化、二硫键形成等，其中最主要的是糖基化，几乎所有内质网上合成的蛋白质最终被糖基化，在内质网发生的糖基化主要是 N-连接的糖基化。③ 蛋白质的运输。加工完成的蛋白质以出芽的方式转运至高尔基复合体顺面，并与高尔基融合。

(3) SER 功能：① 合成膜脂。ER 合成细胞所需绝大多数膜脂(包括磷脂和胆固醇)。② 类固醇激素的合成(生殖腺内分泌细胞和肾上腺皮质)。③ 肝的解毒作用(detoxification)。④ 储存钙离子。肌质网膜上的钙离子泵将细胞质基质中的 Ca^{2+} 泵入肌质网腔中。

8. 简述溶酶体的发生过程。

答：(1) 在粗面内质网合成溶酶体酶蛋白并进行 N-连接糖基化修饰，核心糖组分是甘露糖。

(2) 酶蛋白通过转运小泡进入高尔基复合体顺面，并在 N-乙酰葡萄糖胺磷酸转移酶和磷酸葡萄糖苷酶的作用下进行磷酸化形成识别信号 M6P。

(3) 酶蛋白由 CGN 转移至 TGN，带有 M6P 的酶蛋白与高尔基复合体反面膜上的 M6P 受体结合。

(4) 高尔基体形成网格蛋白出芽小泡并与胞内体融合形成前溶酶体。

(5) 在胞内体酸性环境中，酶蛋白与 M6P 受体分离，M6P 受体以出芽的方式回到高尔基 TGN 参与受体再循环；酶蛋白 M6P 磷酸基团水解，形成有活性的酶；溶酶体即形成。

9. 简述高尔基复合体电镜结构与功能。

答：(1) 结构：① 高尔基体顺面膜囊以及网状结构(cis-Golgi network，CGN)又称 cis 膜囊；② 高尔基体中间膜囊(medial Golgi)；③ 高尔基体反面膜囊以及网状结构(trans Golgi network，TGN)；④ 周围大小不等的囊泡。

(2) 功能：① 蛋白质糖基化修饰，N-连接的糖链合成起始于内质网，完成于高尔基体，O-连接的糖基化只在高尔基体中进行；② 参与细胞分泌活动，负责对内质网合成的蛋白质进行加工、分选和运输；③ 进行膜的转化功能；④ 将无活性的蛋白酶原或蛋白原水解为活性物质；⑤ 参与形成溶酶。

10. 怎样理解内膜系统在结构、功能和发生上的相关性？并解释线粒体为什么不属于内膜系统细胞器。

答：(1) 内膜系统细胞器都具有单层膜结构；其功能具有相关性，共同参与分泌蛋白质的合成、加工、运输、分选、包装和分泌；内质网是内膜系统的发源地，高尔基体可看成由内质网出芽产生的运输小泡融合而来，溶酶体由高尔基体扁平囊末端膨大而来。

(2) 线粒体在结构上为双层膜包裹的细胞器，其功能主要是进行生物氧化，具有一定的独立性，其发生是通过已有的线粒体分裂而来，其蛋白质主要来源于细胞质中游离核糖体上合成的蛋白质，其膜脂虽来源于内质网，但是通过磷脂转换蛋白转运而来，在结构、功能以及发生上线粒体与内膜系统的细胞器都有差异，所以不属于内膜系统的细胞器。

第六章 线粒体与细胞内的能量转换

一、选择题(每题只有一个最佳答案)

1. 可在光学显微镜下见到的结构是(　　)。
A. 微粒体　B. 基粒　C. 溶酶体　D. 线粒体
2. 由两层单位膜围成的细胞器是(　　)。
A. 高尔基复合体　B. 溶酶体　C. 线粒体　D. 内质网
3. 真核细胞的核膜外 DNA 存在于(　　)。
A. 核膜　B. 线粒体　C. 内质网　D. 核糖体
4. 动物细胞中含有 DNA 分子并能产生 ATP 的细胞器是(　　)。
A. 中心体　B. 溶酶体　C. 核糖体　D. 线粒体
5. 线粒体半自主性体现于下列哪一事实?(　　)
A. 线粒体 DNA 能独立复制
B. 线粒体含有核糖体
C. 在遗传上由线粒体基因组和细胞核基因组共同控制
D. 线粒体 DNA 与细胞核 DNA 的遗传密码有所不同
6. 关于线粒体的结构哪一种说法是不正确的?(　　)
A. 是由单层膜包裹而成的细胞器　B. 是由双层单位膜封闭的细胞器
C. 线粒体嵴上有许多基粒　D. 是含 DNA 的细胞器
7. 线粒体的功能是(　　)。
A. 蛋白质合成场所　B. 营养和保护作用
C. 细胞的供能中心　D. 物质储存与加工
8. 下列细胞中含线粒体最多的是?(　　)
A. 上皮细胞　B. 心肌细胞
C. 成熟红细胞　D. 成纤维细胞
9. 合成 ATP 的关键部位是(　　)。
A. 线粒体嵴　B. 线粒体基粒
C. 线粒体基粒的头部　D. 线粒体基粒的柄部
10. 具有“动力站”之称的细胞器是(　　)。
A. 中心体　B. 溶酶体　C. 核糖体　D. 线粒体

11. 提供合成 ATP 能量的跨膜质子梯度是发生在(　　)。
A. 线粒体内膜　　B. 线粒体外膜
C. 高尔基体膜　　D. 内质网膜

12. 被称为细胞内能量货币的是(　　)。
A. ATP　　B. ADP　　C. AMP　　D. GTP

13. 下列哪种细胞器以分裂方式增殖?(　　)
A. 线粒体　　B. 高尔基体　　C. 溶酶体　　D. 内质网

14. 下列哪种配对是错误的?(　　)
A. ATP——三磷酸腺苷　　B. SRP——滑面内质网
C. mtDNA——线粒体 DNA　　D. MPF——有丝分裂促进因子

15. 除了细胞核外,动物细胞中还含有 DNA 的细胞器是(　　)。
A. 线粒体　　B. 高尔基复合体　　C. 内质网　　D. 核糖体

16. 线粒体氧化磷酸化偶联的关键装置是(　　)。
A. ATP 合成酶　　B. 细胞色素还原酶
C. 细胞色素氧化酶　　D. NADH－Q 还原酶

17. 细胞中不含有 DNA 的结构是(　　)。
A. 线粒体　　B. 核糖体　　C. 细胞核　　D. 核仁

18. 细胞内蛋白质进入线粒体的穿膜运输信号是(　　)。
A. 导肽　　B. cAMP
C. 信号识别颗粒(SRP)　　D. cGMP

19. 下列属于内膜系统的细胞器是?(　　)
A. 核糖体　　B. 高尔基体　　C. 线粒体　　D. 染色体

20. 葡萄糖有氧氧化的步骤中在细胞质中进行的是(　　)。
A. 糖酵解　　B. 三羧酸循环
C. 氧化磷酸化　　D. 乙酰辅酶 A 的生成

二、填空题

1. 线粒体的超微结构是由外膜、内膜、______和______构成,内外膜相互接触的位点称为______,其主要功能______。

2. 线粒体是通过______方式增殖的,包括______、______和______三种方式,mtDNA 是随机的、______地被分配到新的线粒体中。

3. 细胞呼吸过程中糖酵解发生于____________,三羧酸循环发生于____________,氧化磷酸化过程在______上进行,由______和______完成。

4. 线粒体是由____________层单位膜围成的细胞器,线粒体的嵴是由______

______向内折叠、突起而成，其上面的带柄的结构叫__________，是由__________、__________和__________三部分组成，其功能是__________。

三、判断题

1. 经常活动的运动员，其肌细胞中的线粒体要比不经常运动的人多。（ ）

2. 线粒体DNA为单链环状分子。（ ）

3. 线粒体遗传系统不需细胞核遗传系统的调控。（ ）

4. 分子伴侣协助多肽链转运、折叠或装配，但不参与最终产物的形成。（ ）

5. 呼吸链的酶和氧化磷酸化作用定位于线粒体基质中。（ ）

6. 线粒体内膜上的呼吸链可以认为是“换能装置”，而基粒可以说是“放能装置”。（ ）

7. 在同一生物体的不同细胞中，线粒体的形态、分布及数量有一定的差异。（ ）

8. 线粒体是半自主性细胞器，体现在线粒体具有自己的DNA及复制、转录和翻译系统，但也受核基因组控制。（ ）

9. 呼吸链的酶和电子传递过程定位于线粒体内膜上。（ ）

四、名词解释（英文的先翻译成中文，再解释）

1. mtDNA
2. 半自主性细胞器
3. 基粒
4. 氧化磷酸化（oxidative phosphorylation）
5. 呼吸链（respiratory chain）
6. 细胞呼吸

五、简答题

1. 线粒体有何主要功能？
2. 为什么说线粒体是一个半自主性细胞器？
3. 线粒体的数量和分布在不同细胞中为什么有差异？
4. 以葡萄糖为例，简述细胞中有机物的能量是如何释放和转换为ATP的。

5．何为细胞呼吸？简述细胞呼吸的特点和它的四个步骤的名称及其发生场所。

6．如何证明线粒体的电子传递链和磷酸化作用是由两个不同的结构系统来实现的？

7．氧化磷酸化偶联机制的化学渗透假说的主要论点是什么？有哪些证据？

参考答案

一、选择题

1．D 2．C 3．B 4．D 5．C 6．A 7．C 8．B 9．C 10．D 11．A 12．A 13．A 14．B 15．A 16．A 17．B 18．A 19．B 20．A

二、填空题

1．膜间腔或外室；基质或内室；内外膜转位接触点；参与线粒体蛋白的运输。

2．分裂；出芽；收缩；间壁分裂；不均等。

3．细胞质；线粒体基质；线粒体内膜；呼吸链；基粒或 ATP 合酶。

4．两；内膜；基粒；头部；柄部；基片；合成 ATP。

三、判断题

1．√ 2．× 3．× 4．√ 5．× 6．× 7．√ 8．√ 9．√

四、名词解释

1．mtDNA：线粒体 DNA，呈双链环状，一个线粒体中可有一个或几个 DNA 分子。mtDNA 可自我复制，其复制也是以半保留方式进行的。mtDNA 虽能合成蛋白质，但其种类十分有限。

2．半自主性细胞器：自身含有遗传表达系统（自主性）；但编码的遗传信息十分有限，其 RNA 转录、蛋白质翻译、自身构建和功能发挥等必须依赖核基因组编码的遗传信息(自主性有限)。叶绿体和线粒体都属于半自主性细胞器。

3. 基粒:是线粒体内膜上的颗粒状结构,由头部、柄部和基片三部分组成;基粒化学本质就是 F_0F_1-ATP 合酶;在跨膜质子动力势推动下,催化合成 ATP。

4. 氧化磷酸化:高能电子在线粒体内膜呼吸链上传递过程中,释放出的能量被基粒用来催化合成 ATP 的过程,称为氧化磷酸化。

5. 呼吸链:也称电子传递链,是指线粒体内膜上一系列氢载体和电子载体蛋白,具有传递电子的作用,它们在内膜上有序地排列成相互关联的链状。

6. 细胞呼吸:糖类、脂肪和蛋白质等有机物在活细胞内彻底氧化分解为二氧化碳和水,且伴随着能量释放和 ATP 生成的过程。

五、简答题

1. 线粒体有何主要功能?

答:线粒体可看作是"细胞能量工厂",因其主要功能是将有机物氧化产生的能量转化为 ATP,有氧呼吸产生能量的主要场所。

2. 为什么说线粒体是一个半自主性细胞器?

答:自主性表现:①有 mtDNA(约 15 kb,环状、裸露);②有自己特殊的核糖体与蛋白质合成系统;③有其特殊的物质转运系统。

自主性的限制:①mtDNA 信息量少,只能合成 5%的内膜蛋白;②其蛋白合成系统中的许多成分如 DNA 聚合酶,RNA 聚合酶,核糖体蛋白质、氨基酸活化酶等仍由核基因编码。

3. 线粒体的数量和分布在不同细胞中为什么有差异?

答:线粒体的形状多种多样,一般呈线状,也有粒状或短线状。线粒体的直径一般在 0.5~1.0 μm,在长度上变化很大,一般为 1.5~3 μm,长的可达 10 μm,人的成纤维细胞的线粒体则更长,可达 40 μm。不同组织在不同条件下有时会出现体积异常膨大的线粒体,称为巨型线粒体(megamitochondria)。

在多数细胞中,线粒体均匀分布在整个细胞质中,但在某些细胞中,线粒体的分布是不均匀的,有时线粒体聚集在细胞质的边缘。在细胞质中,线粒体常常集中在代谢活跃的区域,因为这些区域需要较多的 ATP,如肌细胞的肌纤维中有很多线粒体。另外,在精细胞、鞭毛、纤毛和肾小管细胞的基部都是线粒体分布较多的地方。线粒体除了较多分布在需要 ATP 的区域外,也较为集中的分布在有较多氧化反应底物的区域,如脂肪滴,因为脂肪滴中有许多要被氧化的脂肪。

细胞中线粒体的具体数目取决于细胞的代谢水平,代谢活动越旺盛,线粒体越多。线粒体可占到细胞质体积的 25%。

4. 以葡萄糖为例,简述细胞中有机物的能量是如何释放和转换为 ATP 的。

答:① 葡萄糖酵解生成丙酮酸:葡萄糖中能量转移到丙酮酸和 NADH、ATP 中;② 乙酰辅酶 A 的生成:丙酮酸中能量转移到 CH_3CO-SCOA 和 NADH 中;③ 三羧酸循环:CH_3CO-SCOA 中能量转移到 NADH、$FADH_2$ 中,至此,一分子葡萄糖已完全分解成 6 分子 CO_2,能量已转移到 NADH、$FADH_2$、ATP 中;④ NADH、$FADH_2$ 中蕴含的高能电子在电子传递(氧化还原反应)过程中释放出的能量被 F_0F_1-ATP 酶复合体用来催化 ADP 磷酸化而合成 ATP,同时电子传递给氧,使氧成还原态,然后氢和氧化合生成水。至此,营养物质也就彻底氧化。

5. 何为细胞呼吸?简述细胞呼吸的特点和它的四个步骤的名称及其发生场所。

答:糖类、脂肪和蛋白质等有机物在活细胞内彻底氧化分解为二氧化碳和水,且伴随着能量释放和 ATP 生成。这一过程称为细胞呼吸,又称细胞氧化或生物氧化。

糖酵解发生在胞质中,乙酰辅酶 A 的形成发生在线粒体基质,三羧酸循环发生在线粒体基质,电子传递和氧化磷酸化发生在线粒体内膜上。

细胞呼吸的特点:有机物在酶的催化下,在温和的条件下氧化分解,能量逐步释放出来,没有出现剧烈的发光、发热现象。

6. 如何证明线粒体的电子传递链和磷酸化作用是由两个不同的结构系统来实现的?

答:用超声波将线粒体破碎,线粒体内膜可自然卷曲成颗粒朝外的小膜泡——亚线粒体小泡或亚线粒体颗粒。具有正常的电子传递和磷酸化的功能。用胰蛋白酶或尿素处理,则小泡外面的颗粒可解离下来,小泡只能进行电子传递,而不能进行磷酸化。将这些颗粒重新装配到无颗粒的小泡上时,小泡又恢复了电子传递和磷酸化相偶联的能力。

7. 氧化磷酸化偶联机制的化学渗透假说的主要论点是什么?有哪些证据?

答:氧化磷酸化作用的进行需要封闭的线粒体内膜存在,线粒体内膜对 H^+、OH^-、K^+ 和 Cl^- 等离子都是不通透的。线粒体电子传递所形成的电子流能够将 H^+ 从线粒体内膜逐出到线粒体膜间隙。破坏 H^+ 浓度梯度的形成(用解偶联剂或离子载体抑制剂等)都必然破坏氧化磷酸化作用的进行。大量直接或间接实验证据表明,膜表面不仅能滞留大量质子,而且在一定条件下,质子沿膜表面迅速地转移,其速度超过在大量水相中的速度。电子沿呼吸链传递时,所释放的能量将质子从内膜基质侧泵至膜间隙,形成质子动力势。质子在质子动力势的驱动 F_0F_1-ATP 合酶催化 ADP 合成 ATP。

第七章 细胞骨架与细胞的运动

一、名词解释

1. 细胞骨架(cytoskeleton)
2. 应力纤维
3. 微管(microtubule)
4. 微丝(microfilament)
5. 中间纤维(intermediate filament)
6. 踏车现象
7. 微管组织中心(MTOC)

二、填空题

1. ______是一种复杂的蛋白质纤维网络状结构,能使真核细胞适应多种形状和协调的运动。

2. 肌动蛋白丝具有两个结构上明显不同的末端,即______极和______极。

3. 在动物细胞分裂过程中,两个子细胞的最终分离依赖于质膜下带状肌动纤维束和肌球蛋白分子的活动,这种特殊的结构是______。

4. 小肠上皮细胞表面的指状突起是______,其中含有的细胞质骨架成分是______。

5. 肌动蛋白单体连续地从细纤维一端转移到另一端的过程称为______。

6. 微管由______分子组成的,微管的单体形式是______和______组成的异二聚体。

7. ______位于细胞中心,在间期组织细胞质中微管的组装和排列。

8. ______药物与微管蛋白紧密结合能抑制其聚合组装。

9. ______具有稳定微管、防止解聚以及协调微管与其他细胞成分的相互关系的作用。

10. 驱动囊泡沿着轴突微管从细胞体向轴突末端单向移动的蛋白质复合物是______。

11. 最复杂的中等纤维蛋白家庭是______,在头发和指甲中存在其中的 8 种蛋白。

12. 细胞骨架普遍存在于______细胞中，是细胞的______结构，由细胞内的______成分组成。包括______、______和______三种结构。

13. 在细胞内永久性微丝有__________________，临时性微丝有______________；永久性微管有____________________，临时性微管有____________________。

三、选择题

1. 细胞骨架是由哪几种物质构成的？（　　）
   A. 糖类　B. 脂类　C. 核酸　D. 蛋白质
2. 下列哪种结构不是由细胞中的微管组成？（　　）
   A. 鞭毛　B. 纤毛　C. 中心粒　D. 内质网
3. 关于微管的组装，哪种说法是错误的？（　　）
   A. 微管可随细胞的生命活动不断地组装与去组装
   B. 微管两端的组装速度一定是相同的
   C. 微管的极性对微管的增长有重要意义
   D. 微管蛋白的聚合和解聚是可逆的自体组装过程
4. 在电镜下可见中心粒的每个短筒状小体（　　）。
   A. 由9组二联微管环状斜向排列
   B. 由9组单管微管环状斜向排列
   C. 由9组三联微管环状斜向排列
   D. 由9组外围微管和一个中央微管排列
5. 组成微丝最主要的化学成分是（　　）。
   A. 肌动蛋白　B. 锚定蛋白　C. 原肌球蛋白　D. 肌钙蛋白
6. 能够专一抑制微丝组装的物质是（　　）。
   A. 秋水仙素　B. 细胞松弛素B　C. 长春花碱　D. 鬼笔环肽
7. 在非肌细胞中，微丝与哪种功能无关？（　　）
   A. 支持作用　B. 吞噬作用　C. 染色体运动　D. 变形运动
8. 对中间纤维结构叙述错误的是？（　　）
   A. 直径介于微管和微丝之间
   B. 纤维两端结构不对称，具有极性
   C. 中间纤维的组装和解聚无典型的踏车行为
   D. 装配调控机制与其蛋白中特殊氨基酸的磷酸化相关
9. 下列哪种纤维不属于中间纤维？（　　）
   A. 角蛋白纤维　B. 结蛋白纤维　C. 波形蛋白纤维　D. 肌原纤维

四、判断题

1. 细胞松弛素 B 是真菌的一种代谢产物，可结合到微丝的正极，阻止新的单体聚合，破坏微丝的网络结构。(　　)

2. 永久性结构的微管有鞭毛、纤毛等，临时性结构为纺锤体等。(　　)

3. 纺锤体微管主要参与细胞分裂的胞质分裂过程。(　　)

4. 核骨架不像胞质骨架那样由非常专一的蛋白成分组成，核骨架的成分比较复杂，主要成分是核骨架蛋白及核骨架结合蛋白。(　　)

五、简答题

1. 简述微丝的化学组成及其在细胞中的功能。

2. 什么是微管组织中心？它与微管有何关系？

3. 简述中间纤维的结构及功能。

4. 比较微管、微丝和中间纤维的异同。

5. 试述微管的化学组成、类型和功能。

参 考 答 案

一、名词解释

1. 细胞骨架：是指存在于真核细胞中的蛋白纤维网架体系。包括微丝、微管和中间纤维。

2. 应力纤维：是真核细胞中广泛存在的微丝束结构，由大量平行排列的微丝组成，与细胞间或细胞与基质表面的黏着有密切关系，在细胞形态发生、细胞分化和组织的形成等方面具有重要作用。

3. 微管：在真核细胞质中，由微管蛋白构成的，可形成纺锤体、中心体及细胞特化结构如鞭毛和纤毛的结构。

4. 微丝：在真核细胞质中，由肌动蛋白构成的，可在细胞形态的支持及细胞肌性收缩和非肌性运动等方面起重要作用的结构。

5. 中间纤维：存在于真核细胞质中的，由中间丝蛋白质构成的，其直径介于微管和微丝之间，在支持细胞形态、参与物质运输等方面起重要作用的纤维状结构。

6. 踏车现象：在一定条件下，细胞骨架在装配过程中，一端发生装配使微管或微丝延长，而另一端发生去装配而使微管或微丝缩短，这种现象称为踏车现象。

7. 微管组织中心：微管在生理状态及实验处理解聚后重新装配的发生处称为微管组织中心。动物细胞的 MTOC 为中心体。MTOC 决定了细胞中微管的极性，微管的(－)极指向 MTOC，(＋)极背向 MTOC。

二、填空题

1. 细胞骨架。
2. 正；负。
3. 收缩环。
4. 微绒毛；微丝。
5. 踏车行为。
6. 微管蛋白；α 微管蛋白；β 微管蛋白。
7. 中心体。
8. 秋水仙素。
9. 微管结合蛋白。
10. 驱动蛋白。
11. 角蛋白。
12. 真核；支撑；蛋白质；微管；微丝；中间纤维。
13. 肌细胞中的细肌丝和小肠微绒毛中的轴心微丝；胞质分裂环；鞭毛和纤毛；纺锤体。

三、选择题

1. D　2. D　3. B　4. C　5. A　6. B　7. C　8. B　9. D

四、判断题

1. √　2. √　3. ×　4. √

五、简答题

1. 简述微丝的化学组成及其在细胞中的功能。

答:微丝的主要成分为肌动蛋白和微丝结合蛋白。

微丝的功能:① 与微管共同组成细胞的骨架,维持细胞的形状;② 具有非肌性运动功能,与细胞质运动、细胞的变形运动、胞吐作用、细胞器与分子运动、细胞分裂时的膜缢缩有关;③ 具有肌性收缩作用;④ 与其他细胞器相连,关系密切;⑤ 参与细胞内信号传递和物质运输。

2. 什么是微管组织中心?它与微管有何关系?

答:微管组织中心是指微管装配的发生处,动物细胞中主要有中心体和基体等。它可以调节微管蛋白的聚合和解聚,使微管增长或缩短。而微管是由微管蛋白组成的一个结构。二者有很大的不同,但又有十分密切的关系。微管组织中心可以指挥微管的组装与去组装,它可以根据细胞的生理需要,调节微管的活动(如在细胞有丝分裂前期,根据染色体平均分配的需要,从微管组织中心,中心粒和染色体着丝粒处进行微管的装配形成纺锤体,到分裂末期,纺锤体解聚成微管蛋白)。所以说,微管组织中心是微管活动的指挥部。

3. 简述中间纤维的结构及功能。

答:中间纤维是一直径约 10 nm 的中空管状结构,单独或成束存在于细胞中。中间纤维具有一个较稳定的 310 个氨基酸的 α 螺旋组成的杆状中心区,杆状区两端为非螺旋的头部区(N 端)和尾部区(C 端)。头部区和尾部区由不同的氨基酸构成,为高度可变区域。

功能:① 有支持和固定作用。支持细胞形态,固定细胞核;② 有物质运输和信息传递作用。在细胞质中与微管、微丝共同完成物质的运输,在细胞核内,与 DNA 的复制和转录有关;③ 细胞分裂时,对纺锤体和染色体起空间支架作用,负责子细胞内细胞器的分配与定位;④ 与细胞分化有关。

4. 比较微管、微丝和中间纤维的异同。

答:微管、微丝和中间纤维的相同点:① 在化学组成上均由蛋白质构成;② 在结构上都是纤维状,共同组成细胞骨架;③ 在功能上都可支持细胞的形状;都参与细胞内物质运输和信息的传递;都能在细胞运动和细胞分裂上发挥重要作用。

微管、微丝和中间纤维的不同点:① 在化学组成上均由蛋白质构成,但三者的蛋白质的种类不同,而且中等纤维在不同种类细胞中的基本成分也不同;② 在结构上,微管和中间纤维是中空的纤维状,微丝是实心的纤维状。微管的结构是均一的,而中等纤维结构是中央为杆状部,两侧为头部或尾部;③ 功能不同。微管可构成中心粒、鞭毛或纤毛等重要的细胞器和附属结构,在细胞运动时或细胞分裂时发挥作用。微丝在细胞的肌性收缩或非肌性收缩中发挥作用,使细胞更好地执行生理功能;中等纤维具有固定细胞核作用,行使子细胞中的细胞器分配与定位的功能,还可能与 DNA 的复制与转录有关。

总之,微管、微丝和中间纤维是真核细胞内重要的非膜相结构,共同担负维持细胞形态，细胞器位置固定及物质和信息传递的重要功能。

5. 试述微管的化学组成、类型和功能。

答：微管的化学组成：主要化学成分为微管蛋白，包括 α、β 微管蛋白，为酸性蛋白。其他化学成分为微管结合蛋白，包括微管相关蛋白、微管修饰蛋白、达因蛋白。

微管的类型：单微管、二联管、三联管。

微管的功能：① 构成细胞的网状支架，维持细胞的形态；② 参与细胞器的分布与运动，固定支持细胞器的位置；③ 参与细胞收缩和伪足运动，是鞭毛、纤毛等细胞运动器官的基本组成成分；④ 参与细胞分裂时染色体的分离和位移；⑤ 参与细胞物质运输和信号传递。

第八章 细 胞 核

一、选择题(每题只有一个最佳答案)

1. 关于核被膜下列哪项叙述是错误的?( )
   A. 由两层单位膜组成　　B. 有核孔复合体有核孔
   C. 是封闭的膜结构　　D. 核膜外层有核糖体附着
2. 核膜不具备的特点是( )。
   A. 控制核-质之间的物质交换
   B. 消化细胞内的异物
   C. 维持核的形态
   D. 遗传物质 DNA 集中于细胞内特定区域
3. 下列哪种细胞器未发现于原核细胞?( )
   A. 质膜　　B. 核糖体　　C. 核膜　　D. 细胞壁
4. 下列哪一种含氮碱基在 DNA 分子中是没有的?( )
   A. 胸腺嘧啶　　B. 胞嘧啶　　C. 鸟嘌呤　　D. 尿嘧啶
5. 真核细胞的遗传物质 DNA 分布在( )。
   A. 溶酶体　　B. 细胞质
   C. 细胞核和线粒体　　D. 细胞核和内质网
6. 关于细胞核下列哪种叙述是错误的?( )
   A. 原核细胞和真核细胞的主要区别是有无完整的核
   B. 核的主要功能是贮存遗传信息
   C. 核的形态有时和细胞的形态相适应
   D. 每个真核细胞只能有一个核
7. rRNA 是由( )。
   A. 线粒体 DNA 转录而来
   B. 核仁组织者中的 DNA 转录而来
   C. 核小体 DNA 转录而来
   D. DNA 复制出来
8. 细胞核内最重要的物质是( )。

A. 核蛋白　B. 组蛋白　C. 非组蛋白　D. DNA

9. DNA 半保留复制发生于(　　)。

A. 间期　B. 前期　C. 中期　D. 后期

10. 组成染色体的主要物质是(　　)。

A. 糖类和蛋白质　B. 脂类和 DNA

C. DNA 和 RNA　D. 蛋白质和 DNA

11. 组成核小体的主要物质是(　　)。

A. DNA 和组蛋白　B. RNA 和组蛋白

C. DNA 和非组蛋白　D. RNA 和非组蛋白

12. 在细胞核中下列哪种结构贮存遗传信息?(　　)

A. 核仁　B. 核孔复合体　C. 核膜　D. 染色质

13. 蛋白质合成旺盛的细胞(　　)。

A. 细胞明显增大　B. 细胞明显减小

C. 核仁明显增大　D. 核仁明显减小

14. 染色质与染色体的关系正确的是?(　　)

A. 是同一物质在细胞周期中同一时期的不同表现

B. 是同一物质在细胞周期中不同时期的形态表现

C. 不是同一物质,故形态不同

D. 是同一物质,且形态相同

15. 一般遗传物质的流动方向是(　　)。

A. mRNA→DNA→蛋白质　B. DNA→rRNA→蛋白质

C. DNA→mRNA→蛋白质　D. 蛋白质→mRNA→DNA

16. 关于核膜的叙述错误的是?(　　)

A. 核膜与内质网相连

B. 核膜是真核细胞内膜系统的一部分

C. 有无核膜是真核与原核细胞最主要区别

D. 核膜是一层包围核物质的单位膜

17. 组成染色质的基本结构单位是(　　)。

A. 染色单体　B. 子染色体　C. 核小体　D. 超螺线体

18. 下列哪种组蛋白不是构成核小体的核心成分?(　　)

A. H_1　B. H_2A　C. H_2B　D. H_3

19. 下列哪种结构不属于核孔复合体?(　　)

A. 胞质环　B. 核质环　C. 中央颗粒　D. 纤维中心

20. 外层核膜表面常附着核糖体颗粒,且常与(　　)相连续。

A. 质膜　B. 线粒体膜　C. 溶酶体膜　D. 内质网膜

21. 核仁的功能是(　　)。
A. 转录 mRNA　B. 转录 rRNA　C. 复制 DNA　D. 翻译蛋白质
22. 在间期遗传物质的复制是(　　)。
A. 常染色质先复制,异染色质后复制
B. 常染色质与异染色质同时复制
C. 异染色质少复制,常染色质大量复制
D. 异染色质大量复制,常染色质少复制
23. 下列哪种物质不属于核仁结构?(　　)
A. 纤维成分　B. 颗粒成分
C. 核仁相随染色质　D. 核纤层
24. 染色质二级结构螺线管每圈含核小体数是(　　)。
A. 3 个　B. 4 个　C. 5 个　D. 6 个
25. 细胞内的生命控制中心是(　　)。
A. 内质网　B. 高尔基复合体
C. 溶酶体　D. 细胞核
26. 为染色质提供核周锚定部位的结构是(　　)。
A. 核孔复合体　B. 核仁
C. 外核膜　D. 核纤层
27. 关于组蛋白的错误叙述是?(　　)
A. 是构成染色质的主要蛋白成分　B. 属于碱性蛋白
C. 均具有种属和组织特异性　D. 是一类进化上保守的蛋白质
28. 依照螺旋结构模型,由 DNA 到染色单体的折叠使 DNA 长度压缩了近(　　)。
A. 1 000 倍　B. 100 倍　C. 10 000 倍　D. 40 倍
29. 染色体中具有防止染色体末端黏着作用的特化部位称为(　　)。
A. 主缢痕　B. 次缢痕　C. 动粒　D. 端粒
30. 在真核细胞中,下列哪种结构表面无膜包裹?(　　)
A. 细胞核　B. 线粒体　C. 核仁　D. 溶酶体
31. 下列哪项物质是在核仁内形成的?(　　)
A. rDNA　B. mRNA　C. hnRNA　D. rRNA
32. 染色质通过螺旋化形成四级结构的顺序是(　　)。
A. 核小体、超螺线管、螺线管、染色单体
B. 螺线管、超螺线管、核小体、染色单体
C. 染色单体、核小体、超螺线管、螺线管
D. 核小体、螺线管、超螺线管、染色单体

33. 构成染色质的主要蛋白质成分是(　　)。
A. 组蛋白　B. 非组蛋白　C. 核蛋白复合体　D. 脂蛋白

34. 异染色质的特点是(　　)。
A. 染色浅,间期无转录活性　B. 染色深,间期有转录活性
C. 染色浅,间期有转录活性　D. 染色深,间期无转录活性

35. 核仁的主要成分是(　　)。
A. DNA 和蛋白质　B. 蛋白质、RNA 和 DNA
C. DNA、RNA　D. RNA 和蛋白质

36. 染色体的解螺旋是由于哪一种组蛋白的去磷酸化?(　　)
A. H_1　B. H_2A　C. H_2B　D. H_3

37. 下列哪个不是人类中期每条染色体都应具备的形态特征?(　　)
A. 染色单体　B. 端粒　C. 着丝粒　D. 随体

38. 核小体核心颗粒部组蛋白不包括(　　)。
A. H_2A　B. H_2B　C. H_1　D. H_3

39. 以下关于细胞核核孔的说法不正确的是?(　　)
A. 核孔的数目随细胞种类和生理状态不同而异
B. 核孔复合体由一组蛋白颗粒以特定方式排列而成
C. 核孔直径大小在同一种细胞内固定不变
D. 核孔复合体的功能主要为介导细胞核与细胞质间物质运输

40. 常染色质的特点不包括以下选项中的(　　)。
A. 结构较疏松　B. 碱性染色着色较浅
C. 直径为 10 nm　D. 转录多不活跃

二、判断题

1. 失去细胞核的细胞不能继续增殖。(　　)
2. 真核细胞 DNA 的转录在核中,RNA 的翻译在核外。(　　)
3. 分化程度愈高的细胞异染色质的比例愈小。(　　)
4. 人体有 5 对染色体与核仁的形成有关。(　　)
5. 真核细胞 DNA 分子的复制具有多个复制起始点。(　　)
6. RNA 的合成方向是 $5'\rightarrow3'$。(　　)
7. 染色体有利于遗传物质的表达,而染色质有利于遗传物质的平均分配。(　　)
8. 核仁是细胞核的一种结构,任何时候都可以看到。(　　)
9. 核纤层通过磷酸化作用促进核膜解体,通过去磷酸化帮助核膜重建。(　　)

10．组蛋白和非组蛋白一样都是碱性蛋白质。（　　）
11．端粒在人类染色体中是不可缺少的稳定染色体结构的组成成分。（　　）
12．每条染色体上都有核仁组织区。（　　）

三、填空题

1．核被膜由______层单位膜构成，其中与内质网相连续的为______，内侧有核纤层的是______。
2．生化分析表明染色质由______、______、______和______组成。
3．染色质的一级结构为______，二级结构为______，三级结构为______，四级结构为______。
4．间期核内染色质可根据其形态的不同分为______和______。
5．核仁组织区(NOR)是存在于细胞内特定染色体______处，主要含有______基因的一个染色体区段。
6．核小体在结构上主要由____________和____________组成，一个核小体含有约______个碱基对 DNA 和______个分子的组蛋白。
7．核仁在电镜下由______、______、______和______组成。
8．核孔复合体的结构模型是______，由______、______、______和中央栓四种组分构成。
9．染色质的化学成分主要由____________和____________组成；其基本结构单位是____________；根据其螺旋化程度及染色程度又分为____________和____________两种类型。
10．组成核小体的组蛋白主要有______、______、______、______和________。
11．核仁染色质包括____________和__________________两部分。
12．人的中期染色体包含____________、____________和____________结构，在有些染色体上还可以见到____________和____________等结构。
13．保证染色体进行稳定复制和遗传的三种功能序列分别是____________、____________和____________。

四、名词解释（英文的先翻译成中文，再解释）

1．常染色质
2．异染色质
3．nuclear pore complex
4．核仁组织区(NOR)

5. Nucleosome
6. 核型
7. 核仁周期
8. 核骨架
9. 亲核蛋白

五、问答题

1. 细胞核的出现在生物进化史上有何意义?
2. 简述核膜的结构和功能。
3. 比较常染色质和异染色质的异同。
4. 简述染色体组装的四级结构模型要点。
5. 概述细胞核的基本结构及其主要功能。
6. 试述核孔复合体的结构及其功能。
7. 比较组蛋白与非组蛋白的特点及其作用。
8. 试述核小体的结构要点。
9. 核仁在电子显微镜下由哪些部分组成?核仁为什么会出现周期性消长,有什么意义?
10. 简述亲核蛋白入核转运的步骤。

参考答案

一、选择题

1. C 2. B 3. C 4. D 5. C 6. D 7. B 8. D 9. A 10. D
11. A 12. D 13. C 14. B 15. C 16. D 17. C 18. A 19. D
20. D 21. B 22. A 23. D 24. D 25. D 26. D 27. C 28. C
29. D 30. C 31. D 32. D 33. A 34. D 35. B 36. A 37. D
38. C 39. C 40. D

二、判断题

1. √ 2. √ 3. × 4. √ 5. √ 6. √ 7. × 8. × 9. √
10. × 11. √ 12. ×

三、填空题

1. 两;外膜;内膜。
2. DNA;组蛋白;非组蛋白;RNA。
3. 核小体;螺线管;超螺线管;染色单体。
4. 常染色质;异染色质。
5. 次缢痕;核糖体 RNA(rRNA)。
6. 核心颗粒;连接部;200;9。
7. 纤维中心;致密纤维成分;颗粒成分;核仁基质等。
8. 捕鱼笼式结构;胞质环;核质环;辐。
9. DNA;组蛋白;核小体;常染色质;异染色质。
10. H_1;H_2A;H_2B;H_3;H_4。
11. 核仁周围染色质(PEC);核仁内染色质(INC)。
12. 着丝粒;端粒;长短臂;随体;次缢痕。
13. 着丝粒序列;复制起始点序列;端粒序列。

四、名词解释

1. 常染色质:是指间期核内染色质纤维折叠压缩程度低,处于伸展状态,用碱性染料染色时着色浅的那些染色质。构成常染色质的 DNA 主要是单一序列 DNA 和中度重复序列 DNA(如组蛋白基因和 tRNA 基因)。

2. 异染色质:是指细胞间期及早前期时仍处于凝集状态的染色质。具有强嗜碱性,染色深,染色质丝包装折叠紧密,与常染色质相比,异染色质是转录不活跃部分,多在晚 S 期复制。异染色质分为结构异染色质和兼性异染色质两种类型。

3. nuclear pore complex:核孔复合体,核被膜上排列有核孔(nuclear pore),核孔由内外两层核膜局部融合形成。电镜观察表明核孔是由蛋白质组成复杂结构,主体结构包括:胞质环、核质环、辐和中央颗粒四个部分。核孔复合体的功能主要是介导核内外物质的被动运输和主动运输。

4. 核仁组织区(NOR):细胞核特定染色体的次缢痕处,含有 rRNA 基因的一段染色体区域，与核仁的形成有关，故称为核仁组织区。具有核仁组织区的染色体数目依细胞种类不同而异，人有5对染色体即13、14、15、21、22号染色体上有核仁组织区。

5. Nucleosome：核小体是染色体的基本结构单位，由DNA和组蛋白（histone）构成，是染色质（染色体）的基本结构单位。由4种组蛋白H_2A、H_2B、H_3和H_4，每一种组蛋白各两个分子，形成一个组蛋白八聚体，约146 bp的DNA分子盘绕在组蛋白八聚体构成的核心结构外面。H_1组蛋白结合在60 bp的连接DNA上。

6. 核型：是一个体细胞中的全套染色体在有丝分裂中期的表型，包括数目、大小和形态特征。

7. 核仁周期：核仁是一高度动态的结构，间期出现，分裂期消失，在细胞周期中出现一系列结构与功能的周期性变化，这一周期称为核仁周期（nucleolar cycle）。

8. 核骨架：是指除核被膜、染色质、核纤层及核仁以外由纤维蛋白形成的核内网架体系。

9. 亲核蛋白：一类在胞质内合成，以主动运输方式通过NPC，输入细胞核发挥功能作用的蛋白质，含有核输入信号序列（nuclear localization signal，NLS）。

五、问答题

1. 细胞核的出现在生物进化史上有何意义？

答：细胞核是细胞生命活动的控制中心，核的出现使核膜将遗传物质包裹在核内，使之与细胞内的其他活动分开，保证了细胞的遗传稳定性。更重要的是使真核细胞中遗传信息的转录和翻译过程在不同的时间和空间上进行，为基因表达的调控提供了方便，赋予真核细胞更复杂的功能。

2. 简述核膜的结构和功能。

答：结构：由基本平行的内层膜、外层膜构成。两层膜的间隙宽10～15 nm，称为核周隙，也称核周腔。核被膜上有核孔穿通，占膜面积的8%以上。外核膜表面有核糖体附着，并与粗面内质网相续；核周隙亦与内质网腔相通，因此，核被膜也参与蛋白质合成。内核膜的核质面有厚20～80 nm的核纤层，是一层由细丝交织形成的致密网状结构。成分为中间纤维蛋白，称为核纤层蛋白。核纤层与细胞质骨架、核骨架连成一个整体，一般认为核纤层为核被膜和染色质提供了结构支架。核纤层不仅对核膜有支持、稳定作用，也是染色质纤维两端的附着部位。

功能：① 区域化作用；② 合成生物大分子；③ 控制细胞核与细胞质进行物质流和信息流。

3. 比较常染色质和异染色质的异同。

答:(1) 两者结构上连续,化学性质上没有差异,只是核酸螺旋化程度(密度)不同。

(2) 异染色质在间期的复制晚于常染色质。

(3) 异染色质间期仍然高度螺旋化状态,紧密蜷缩(异固缩),而常染色质区处于松散状态,染色质密度较低。

(4) 异染色质在遗传功能上是惰性的,一般不编码蛋白质,多为高度重复序列,主要起维持染色体结构完整性的作用,常染色质间期活跃表达,带有重要的遗传信息,多为单一序列和部分重复序列

4. 简述染色体组装的四级结构模型要点。

答:(1) 一级结构:核小体(nucleosome)。

(2) 二级结构:螺线管(solenoid)6 个核小体缠绕一圈形成的中空性管。外径 30 nm;内径 10 nm,组蛋白 H_1 位于螺旋管内侧。螺线管即为 30 nm 的染色质纤维。

(3) 三级结构:超螺线管,直径 200～400 nm。

(4) 四级结构:染色单体,超螺线管再一次折叠螺旋化,即成四级结构。

5. 概述细胞核的基本结构及其主要功能。

答:细胞核是真核细胞内最大、最重要的细胞器,主要由核被膜、染色质、核仁及由非组蛋白质组成的网络状的核基质组成,是遗传信息的贮存场所,是细胞内基因复制和 RNA 转录的中心,是细胞生命活动的调控中心。

6. 试述核孔复合体的结构及其功能。

答:结构模型:捕鱼笼式。① 胞质环;② 核质环;③ 辐;④ 中央栓。

功能:选择性亲水通道,允许水溶性物质出入核。双向性和双功能。离子、小分子和直径小于 10 nm 的物质可自由转运,大分子通过主动运输过程完成转运。

7. 比较组蛋白与非组蛋白的特点及其作用。

答:组蛋白特性:带正电荷,富含 Arg、Lys,属碱性蛋白;种类:核心组蛋白 H_2A、H_2B、H_3、H_4;连接组蛋白,H_1;结构:高度保守,H_1 具有种属和组织特异性。功能:参与染色体的构建,维持染色体结构;参与基因的复制和转录。

非组蛋白(nonhistone)特性:序列特异性 DNA 结合蛋白;带负电荷,含有较多天冬氨酸、谷氨酸,属酸性蛋白质;能识别特异的 DNA 序列。功能:帮助 DNA 折叠,协助 DNA 复制,调节基因表达。

8. 试述核小体的结构要点。

答:核心部:组蛋白 H_2A、H_2B、H_3、H_4 各两分子形成八聚体,构成核心颗粒。DNA 分子:缠绕在核心颗粒表面,共 1.75 圈,约 146 bp,两端被 H_1 锁合。

连接部:组蛋白 H_1 锁住核心 DNA 的进出口。DNA 分子:相邻核心颗粒之间

为一段 60 bp 的连接线 DNA。

9. 核仁在电子显微镜下由哪些部分组成？核仁为什么会出现周期性消长，有什么意义？

答：结构：纤维中心在电镜下为浅染的低电子密度区；致密纤维成分；颗粒成分；其他：核仁基质核仁相随染色质。

核仁周期：分裂期染色质浓缩、rRNA 合成停止，rDNA 袢环逐渐缩回到染色体，核仁缩小继而消失。细胞分裂期后末期，核仁组织区染色体解旋，rDNA 伸展成袢样，在酶的作用下合成 rRNA，经积累和包装 rDNA 袢环周围又组建成新的核仁。

意义：适应细胞在不同时期功能的需要，分裂期蛋白质合成停止因此不需要核仁，间期蛋白合成旺盛，需要大量核糖体，因此间期核仁明显。

10. 简述亲核蛋白入核转运的步骤。

答：亲核蛋白通过核孔复合体(NPC)的转运是分步进行的，根据整个过程对能量的需求可粗略地分为两步：结合(binding)；转移(translocation)。

(1) 亲核蛋白通过 NLS 识别并与 NLS 受体 importinα/importinβ 二聚体结合，形成转运复合物。

(2) 在 importinβ 的介导下，转运复合物与 NPC 胞质纤维结合。

(3) NPC 构象改变，转运复合物进入核内。

(4) 转运复合物与 Ran-GTP 结合，复合物解离，亲核蛋白释放。

(5) importinβ 与结合的 Ran 返回胞质，在胞质 Ran-GTP 水解，Ran 与 importinβ 解离。

第十章 细胞连接与细胞黏附

一、名词解释

1. 细胞连接(cell junction)
2. 紧密连接(tight junction)
3. 桥粒(desmosome)
4. 间隙连接(gap junction)
5. 锚定连接(anchoring junction)

二、填空题

1. 动物细胞间的连接主要有________、________和________三种形式。

2. 细胞间隙连接的基本单位叫________,由________组成,中间有一个直径为________nm 的孔道。

3. 参与锚定连接的骨架系统可分两种不同形式,与中间纤维相连的主要包括________,与肌动蛋白纤维相连的锚定连接主要包括________。

三、选择题

1. 从上皮细胞的顶端到底部,各种细胞表面连接出现的顺序是(　　)。

A. 紧密连接→黏着带→桥粒→半桥粒

B. 桥粒→半桥粒→黏着带→紧密连接

C. 黏着带→紧密连接→半桥粒→桥粒

D. 紧密连接→黏着带→半桥粒→桥粒

2. 细胞内中间纤维通过(　　)连接方式,可将整个组织的细胞连成一个整体。

A. 黏着带　　B. 黏着斑　　C. 桥粒　　D. 半桥粒

3. 体外培养的成纤维细胞通过(　　)附着在培养瓶上。

A. 黏着斑　　B. 黏着带　　C. 桥粒　　D. 半桥粒

4. 在下列蛋白中,除(　　)外,都是黏着带所需要的。

A. 跨膜蛋白　　　　B. 细胞内附着蛋白
C. 肌动蛋白　　　　D. 中间纤维

5. 有肌动蛋白参与的细胞连接类型是(　　)。
A. 紧密连接　　B. 桥粒　　C. 黏着带　　D. 间隙连接

四、判断题

1. 连接子(connexon)是锚定连接的基本单位。(　　)
2. 上皮细胞、肌肉细胞和血细胞都存在细胞连接。(　　)
3. 间隙连接和紧密连接都是脊椎动物的通信连接方式。(　　)
4. 桥粒和半桥粒的形态结构不同,但功能相同。(　　)

五、简答题

动物细胞连接主要有哪几种类型,各有何功能?

参 考 答 案

一、名词解释

1. 细胞连接:细胞连接是多细胞有机体中相邻细胞之间通过细胞膜相互联系、协同作用的重要组织方式,对于维持组织的完整性非常重要,有的还具有细胞通信作用。

2. 紧密连接:紧密连接是封闭连接的主要形式,普遍存在于脊椎动物体表及体内各种腔道和腺体上皮细胞之间。是指相邻细胞质膜直接紧密地连接在一起,能阻止溶液中的分子特别是大分子沿着细胞间的缝隙渗入体内,使细胞维持一个稳定的内环境。

3. 桥粒:又称点状桥粒,位于黏着带下方,是细胞间形成的纽扣式的连接结构,跨膜蛋白(钙黏素)通过附着蛋白(致密斑)与中间纤维相联系,提供细胞内中间纤维的锚定位点。中间纤维横贯细胞,形成网状结构,同时还通过桥粒与相邻细胞连成一体,形成整体网络,起支持和抵抗外界压力与张力的作用。

4. 间隙连接:是动物细胞间最普遍的细胞连接,是在相互接触的细胞之间建立的有孔道的连接结构，允许无机离子及水溶性小分子物质从中通过，从而沟通细胞达到代谢与功能的统一。

5. 锚定连接：连接相邻细胞的骨架系统或将细胞与基质相连形成一个坚强有序的细胞整体。与中间纤维相连的锚定连接主要包括桥粒和半桥粒。与肌动蛋白纤维相连的锚定连接包括黏着带和黏着斑。

二、填空题

1. 封闭连接或紧密连接；锚定连接；通讯连接。
2. 连接子；6 个亚基；1.5。
3. 桥粒和半桥粒；黏着带和黏着斑。

三、选择题

1. A 2. C 3. A 4. D 5. C

四、判断题

1. × 2. × 3. × 4. ×

五、简答题

动物细胞连接主要有哪几种类型，各有何功能？

答：细胞连接的类型：

（1）封闭连接或闭锁连接：紧密连接。

（2）锚定连接：① 与中间纤维相关的锚定连接：桥粒和半桥粒；② 与肌动蛋白纤维相关的锚定连接：黏着带和黏着斑。

（3）通信连接：间隙连接。

紧密连接是封闭连接的主要形式，普遍存在于脊椎动物体表及体内各种腔道和腺体上皮细胞之间。是指相邻细胞质膜直接紧密地连接在一起，能阻止溶液中的分子特别是大分子沿着细胞间的缝隙渗入体内，使细胞维持一个稳定的内环境。紧密连接的功能：① 形成渗漏屏障，起重要的封闭作用；② 隔离作用，使游离端与基底面质膜上的膜蛋白行使各自不同的膜功能；③ 支持功能。

桥粒：又称点状桥粒，位于黏着带下方，是细胞间形成的纽扣式的连接结构，跨膜蛋白（钙黏素）通过附着蛋白（致密斑）与中间纤维相联系，提供细胞内中间纤维的锚定位点。中间纤维横贯细胞，形成网状结构，同时还通过桥粒与相邻细胞连成一体，形成整体网络，起支持和抵抗外界压力与张力的作用。半桥粒相当于半个桥粒，但其功能和化学组成与桥粒不同。它通过细胞质膜上的膜蛋白整合素将上皮细胞锚定在基底膜上，在半桥粒中，中间纤维不是穿过而是终止于半桥粒的致密斑内。存在于上皮组织基底层细胞靠近基底膜处，防止机械力造成细胞与基膜脱离。

黏着带：又称带状桥粒，位于紧密连接下方，相邻细胞间形成一个连续的带状连接结构，跨膜蛋白通过微丝束间接将组织连接在一起，提高组织的机械张力。

黏着斑：细胞通过肌动蛋白纤维和整联蛋白与细胞外基质之间的连接方式，微丝束通过附着蛋白锚定在连接部位的跨膜蛋白上。存在于某些细胞的基底，呈局限性斑状，其形成对细胞迁移是不可缺少的。体外培养的细胞常通过黏着斑黏附于培养皿上。

间隙连接：是动物细胞间最普遍的细胞连接，是在相互接触的细胞之间建立的有孔道的连接结构，允许无机离子及水溶性小分子物质从中通过，从而沟通细胞达到代谢与功能的统一。

间隙连接在代谢偶联中的作用：使代谢物（如氨基酸、葡萄糖、核苷酸、维生素等）及第二信使（cAMP、Ca^{2+}等）直接在细胞之间流通。间隙连接在神经冲动信息传递过程中的作用：在由具有电兴奋性的细胞构成的组织中，通过间隙连接建立的电偶联对其功能的协调一致具有重要作用。间隙连接在早期胚胎发育和细胞分化过程中具有重要作用；间隙连接对细胞增殖的控制也有一定作用。

第十二章 细胞间信息传递

一、名词解释

1. 细胞通信(cell communication)
2. 受体
3. 第一信使
4. 第二信使(second messenger)
5. G蛋白
6. 蛋白激酶A
7. 信号转导 (signal transduction)

二、填空题

1. 细胞膜表面受体主要有三类即______、______、______。

2. 在细胞的信号转导中,第二信使主要有______、______、______、______、______和______。

3. 硝酸甘油之所以能治疗心绞痛是因为它在体内能转化为______,引起血管______,从而减轻______的负荷和______的需氧量。

三、选择题

1. 能与胞外信号特异识别和结合,介导胞内信使生成,引起细胞产生效应的是(　　)。

   A. 载体蛋白　　B. 通道蛋白　　C. 受体　　D. 配体

2. 下列不属于第二信使的是(　　)。

   A. cAMP　　B. cGMP　　C. DG　　D. CO

3. 下列关于信号分子的描述中,不正确的一项是?(　　)

   A. 本身不参与催化反应　　B. 本身不具有酶的活性
   C. 能够传递信息　　D. 可作为酶作用的底物

4. 生长因子是细胞内的(　　)。

A. 结构物质　B. 能源物质　C. 信息分子　D. 酶

5. 肾上腺素可诱导一些酶将储藏在肝细胞和肌细胞中的糖原水解，第一个被激活的酶是(　　)。

A. 蛋白激酶 A　B. 糖原合成酶
C. 糖原磷酸化酶　D. 腺苷酸环化酶

6. (　　)不是细胞表面受体。

A. 离子通道　B. 酶联受体
C. G 蛋白偶联受体　D. 雌激素受体

7. 动物细胞中 cAMP 的主要生物学功能是活化(　　)。

A. 蛋白激酶 C　B. 蛋白激酶 A　C. 蛋白激酶 K　D. Ca^{2+} 激酶

8. 在 G 蛋白中，α 亚基的活性状态是(　　)。

A. 与 GTP 结合，与 βγ 分离　B. 与 GTP 结合，与 βγ 聚合
C. 与 GDP 结合，与 βγ 分离　D. 与 GDP 结合，与 βγ 聚合

9. 下面关于受体酪氨酸激酶的说法哪一个是错误的？(　　)

A. 是一种生长因子类受体
B. 受体蛋白只有一次跨膜
C. 与配体结合后两个受体相互靠近，相互激活
D. 具有 SH_2 结构域

10. 在与配体结合后直接行使酶功能的受体是(　　)。

A. 酶联受体　B. 离子通道型受体
C. G 蛋白偶联受体　D. 细胞核受体

11. 硝酸甘油治疗心脏病的原理在于(　　)。

A. 激活腺苷酸环化酶，生成 cAMP
B. 激活细胞膜上的 GC，生成 cGMP
C. 分解生成 NO，生成 cGMP
D. 激活 PLC，生成 DAG

12. 霍乱杆菌引起急性腹泻是由于(　　)。

A. G 蛋白持续激活
B. G 蛋白不能被激活
C. 受体封闭
D. 蛋白激酶 PKC 功能异常

13. 下面由 cAMP 激活的酶是(　　)。

A. PTK　B. PKA　C. PKC　D. PKG

14. 下列物质是第二信使的是(　　)。

A. G 蛋白　B. NO　C. GTP　D. PKC

15. 下面关于钙调蛋白(CaM)的说法错误的是?( )

A. Ca^{2+} 信号系统中起重要作用
B. 必须与 Ca^{2+} 结合才能发挥作用
C. 能使蛋白磷酸化
D. CaM 激酶是它的靶酶之一

16. 间接激活或抑制细胞膜表面结合的酶或离子通道的受体是( )。

A. 酶联受体
B. 离子通道型受体
C. G 蛋白偶联受体
D. 细胞核受体

17. 重症肌无力是由于( )。

A. G 蛋白功能下降
B. 蛋白激酶功能异常
C. 受体数目减少
D. 受体数目增加

18. PIP_2 分解后生成的何种物质能促使钙离子的释放?( )

A. IP_3 B. DAG C. CaM D. PKC

19. 下面关于 PKA 的说法错误的是?( )

A. 它是 G 蛋白的效应蛋白
B. 它由 4 个亚单位组成
C. 它由 cAMP 激活
D. 它可导致蛋白磷酸化

20. 酪氨酸蛋白激酶型受体被激活后,通常是靠( )激活下游信号通路。

A. 开启离子通道
B. 激活 G 蛋白使之活化某种酶
C. cAMP
D. 磷酸化靶蛋白特异的酪氨酸残基

21. IP_3 促进 Ca^{2+} 从细胞( )部位释放进入细胞质基质。

A. 线粒体
B. 内质网
C. 细胞核
D. Ca^{2+}-CaM 复合体

四、判断题

1. NO 作为局部介质可激活靶细胞内可溶性鸟苷酸环化酶。( )

2. 亲脂性信号分子可穿过质膜,通过与胞内受体结合传递信息。( )

3. 细胞外信号分子都是通过细胞表面受体又进行跨膜信号传递的。( )

4. G 蛋白偶联受体都是 7 次跨膜的。( )

5. G 蛋白偶联受体被激活后,使相应的 G 蛋白解离成三个亚基,以进行信号传递。( )

6. 胞外信号通过跨膜受体才能转换成胞内信号。( )

7. Ca^{2+} 是细胞内广泛存在的信使,细胞质中游离的 Ca^{2+} 浓度比胞外高。( )

8. DG 结合于质膜上,可活化与质膜结合的蛋白激酶 C。( )

9. IP_3 与内质网上的 IP_3 配体门钙通道结合,关闭钙通道,使胞内 Ca^{2+} 浓度升高。( )

10. 硝酸甘油治疗心绞痛的作用原理是：硝酸甘油在体内转化成 NO，从而可舒张血管，减轻心脏负荷和心肌的需氧量。（　　）

11. 具有 SH_3 结构域的蛋白能够特异性结合不同位点的磷酸酪氨酸残基。（　　）

12. 细胞因子受体胞内段自身含酪氨酸激酶结构域，具有酪氨酸激酶活性。（　　）

五、简答题

1. 解释 NO 的产生及其细胞信使作用。
2. G 蛋白的类型有哪些？
3. 简要说明由 G 蛋白偶联受体介导的信号途径特点。
4. 简要说明 cAMP 信号系统的组成及其信号途径。
5. 请简述 DAG/IP_3 双信使介导的细胞效应。
6. 请简述受体酪氨酸激酶介导的 Ras-MAPK 激酶信号通路。

参 考 答 案

一、名词解释

1. 细胞通信：一个细胞发出的信息通过介质传递到另一个细胞产生相应的反应。对于多细胞生物体的发生和组织的构建，协调细胞的功能，控制细胞的生长、分裂、分化和凋亡是必需的。

2. 受体：一种能够识别和选择性地结合某种配体（信号分子）的大分子，当与配体结合后，通过信号转导作用将胞外信号转导为胞内化学或物理的信号，以启动一系列过程，最终表现为生物学效应。

3. 第一信使：一般将胞外信号分子称为第一信使。

4. 第二信使：细胞表面受体接受胞外信号后最早在胞内产生的信号分子。细胞内重要的第二信使有：cAMP、cGMP、DAG、IP_3 等。第二信使在细胞信号转导中起重要作用，能够激活级联系统中酶的活性以及非酶蛋白的活性，也控制着细胞的增殖、分化和生存，并参与基因转录的调节。

5. G 蛋白：由 GTP 控制活性的蛋白，当与 GTP 结合时具有活性，当与 GDP

结合时没有活性。既有单体形式(ras 蛋白),也有三聚体形式(Gs 蛋白)。在信号转导过程中起着分子开关的作用。

6. 蛋白激酶 A:称为依赖于 cAMP 的蛋白激酶 A,是由四个亚基组成的复合物,其中两个是调节亚基,两个是催化亚基;PKA 的功能是将 ATP 上的磷酸基团转移到特定蛋白质的丝氨酸或苏氨酸残基上,使蛋白质被磷酸化,被磷酸化的蛋白质可以调节下游靶蛋白的活性。

7. 细胞外信号分子通过与细胞膜或胞内受体特异性结合,将信号转换后传给相应的胞内系统,使细胞对外界信号做出适当的反应的过程。

二、填空题

1. 离子通道型受体;酶联受体;G 蛋白偶联受体。
2. cAMP;cGMP;IP_3;DAG;NO;Ca^{2+}。
3. NO;舒张;心脏;心肌。

三、选择题

1. C　2. D　3. D　4. C　5. D　6. D　7. B　8. A　9. D　10. A
11. C　12. A　13. B　14. B　15. C　16. C　17. C　18. A　19. A
20. D　21. B

四、判断题

1. √　2. √　3. ×　4. √　5. ×　6. ×　7. ×　8. √　9. ×
10. √　11. ×　12. ×

五、简答题

1. 解释 NO 的产生及其细胞信使作用。

答:NO 是可溶性的气体,NO 的产生与血管内皮细胞和神经细胞相关,血管内皮细胞接受乙酰胆碱,引起细胞内 Ca^{2+} 浓度升高,激活一氧化氮合成酶,该酶以精氨酸为底物,以 NADPH 为电子供体,生成 NO 和胍氨酸。细胞释放 NO,通过扩散快速透过细胞膜进入平滑肌细胞内,与胞质鸟苷酸环化酶活性中心的 Fe^{2+} 结合,改变酶的构象,导致酶活性的增强和 cGMP 合成增多。cGMP 可降低血管平滑肌中的 Ca^{2+} 离子浓度,引起血管平滑肌的舒张,使血管扩张、血流通畅。NO 没有专门的储存及释放调节机制，靶细胞上 NO 的多少直接与 NO 的合成有关。

2. G 蛋白的类型有哪些？

答：G 蛋白有两种类型。一种是刺激型调节蛋白（Gs），另一种是抑制型调节蛋白（Gi）。二者结构和功能很相似，均由 α、β 和 γ 三个亚基组成，分子质量均为 80～100 000 D，它们的 β 和 γ 亚基大小很相似，其 α 亚基也都有两个结合位点：一是结合 GTP 或基其类似物的位点，具有 GTP 酶活性，能够水解 GTP；另一个是含有负价键的修饰位点，可被细胞毒素 ADP 核糖基化。二者的不同之处在于 Gs 的 αs 亚基能被霍乱毒素 ADP 核糖基化，而 Gi 的 αi 亚基能被百日咳毒素 ADP 核糖基化。Gs 和 Gi 都调节其余相应受体的亲合性以及作用于腺苷酸环化酶，产生 cAMP。

3. 简要说明由 G 蛋白偶联受体介导的信号途径特点。

答：G 蛋白偶联的受体是细胞质膜上最多，也是最重要的信号转导系统，具有两个重要特点：

（1）信号转导系统由三部分构成：① G 蛋白偶联的受体，是细胞表面由单条多肽链经 7 次跨膜形成的受体；② G 蛋白能与 GTP 结合被活化，可进一步激活其效应底物；③ 效应物：通常是腺苷酸环化酶，被激活后可提高细胞内环腺苷酸（cAMP）的浓度，可激活 cAMP 依赖的蛋白激酶，引发一系列生物学效应。

（2）产生第二信使。配体-受体复合物结合后，通过与 G 蛋白的偶联，在细胞内产生第二信使，从而将胞外信号跨膜传递到胞内，影响细胞的行为。根据产生的第二信使的不同，又可分为 cAMP 信号通路和磷脂酰肌醇信号通路。

cAMP 信号通路的主要效应是激活靶酶和开启基因表达，这是通过蛋白激酶完成的。该信号途径涉及的反应链可表示为：激素→G 蛋白偶联受体→G 蛋白→腺苷酸环化化酶→cAMP→cAMP 依赖的蛋白激酶 A→基因调控蛋白→基因转录。

磷脂酰肌醇信号通路的最大特点是胞外信号被膜受体接受后，同时产生两个胞内信使，分别启动两个信号传递途径即 IP_3-Ca^{2+} 和 DG-PKC 途径，实现细胞对外界信号的应答，因此，这一信号系统又称为“双信使系统”。

4. 简要说明 cAMP 信号系统的组成及其信号途径。

答：（1）组成：Rs 和 Gs；Ri 和 Gi；腺苷酸不化酶；PKA；环腺苷酸磷酸二酯酶。

（2）信号途径主要有两种调节模型：① Gs 调节模型，当激素信号与 Rs 结合后，导致 Rs 构象改变，暴露出与 Gs 结合的位点，使激素-受体复合物与 Gs 结合，Gs 的构象发生改变从而结合 GTP 而活化，导致腺苷酸环化酶活化，将 ATP 转化为 cAMP，而 GTP 水解导致 G 蛋白构象恢复，终止了腺苷酸环化酶的作用。该信号途径为：激素→识别并与 G 蛋白偶联受体结合→激活 G 蛋白→活化腺苷酸环化酶→胞内的 cAMP 浓度升高→激活 PKA→基因调控蛋白→基因转录。② Gi 调节模型，Gi 对腺苷酸环化酶的抑制作用通过两个途径：一是通过 α 亚基与腺苷酸环化酶结合，直接抑制酶的活性；二是通过 β 和 γ 亚基复合物与游离的 Gs 的 α 亚基结合，阻断 Gs 的 α 亚基对腺苷酸酶的活化作用。

5．请简述 DAG/IP_3双信使介导的细胞效应。

答：在磷脂酰肌醇信号通路中胞外信号分子与细胞表面 G 蛋白偶联型受体结合，激活质膜上的磷脂酶 C(PLC)，产生 1,4,5-三磷酸肌醇(IP_3)和二酰基甘油(DAG)两个第二信使，胞外信号转换为胞内信号，这一信号系统又称为“双信使系统”。该系统主要介导两种细胞效应：

首先是 IP_3 会与内质网上的 Ca^{2+} 通道蛋白的 N 端特异性结合，使得内质网上的 Ca^{2+} 通道打开，Ca^{2+} 顺离子浓度梯度释放到细胞质中，使得胞质中游离 Ca^{2+} 浓度升高，通过与 Ca^{2+} 应答蛋白(如钙调蛋白，CaM)结合引起细胞效应。

其次是 DAG 活化蛋白激酶 C(PKC)。PKC 依赖内质网释放的高浓度 Ca^{2+} 从细胞质转移到细胞膜表面，进而被 DAG 激活。蛋白激酶 C(PKC)是有着广泛的底物的丝氨酸/苏氨酸激酶活性，当被激活时，可以通过磷酸化下游靶蛋白从而引起细胞效应。

6．请简述受体酪氨酸激酶介导的 Ras-MAPK 激酶信号通路。

答：该信号通路主要包括两个过程，首先是 Ras 的蛋白的激活，具体过程如下：

(1) 配体与受体结合导致二聚化和受体激活，形成磷酸酪氨酸残基特异性锚定位点。

(2) 胞质 Grb2 接头蛋白与活化受体特异性磷酸酪氨酸残基和胞质 Sos 蛋白结合，在质膜胞质面形成细胞内信号转导复合物。

(3) 鸟苷酸交换因子 Sos 的活性促进 GDP/GTP 转换，形成活化的 Ras-GTP。

其次是 Ras-MAPK 磷酸化级联反应，具体过程如下：

(1) Ras-GTP 与 Raf(MAPKKK)的 N 端调控的结构域结合使其激活。

(2) 活化的 Raf 与另一种蛋白激酶 Mek(MAPKK)结合，使其丝氨酸/苏氨酸残基磷酸化导致 Mek 的激活。

(3) 活化的 Mek 是一种双重特异的蛋白激酶，它能磷酸化其唯一底物 MAPK 的丝氨酸/苏氨酸残基使之激活并进入到细胞核，通过磷酸化转录因子进而调控基因的表达，引起细胞效应。

第十三章 细胞分裂与细胞周期

一、名词解释

1. 细胞周期(cell cycle)
2. 细胞周期检验点
3. 有丝分裂(mitosis)
4. 减数分裂(meiosis)
5. 有丝分裂器
6. MPF(细胞促分裂因子)
7. 细胞周期蛋白
8. 联会复合体

二、填空题

1. 在细胞有丝分裂中,微管的作用是______和______;微丝的作用是__________。

2. 中心粒是由______构成的,每个中心体各含有一对互相______的中心粒,在细胞周期的___________进行复制。

3. 动物细胞的有丝分裂器含有______、______和______三种类型的微管;植物细胞中没有______,也能形成纺锤体。

4. 细胞分裂的方式有______、______和______。

5. 细胞周期可分为四个时期即______、______、______和______。

6. 按照细胞增殖能力不同,可将细胞分为三类即______、______和______。

7. 在细胞周期调控中,调控细胞越过 G_2/M 期限制点的 CDK 与周期蛋白的复合物称为______。

8. MPF 由两个亚单位组成,即______和______。当两者结合后表现出蛋白激酶活性,其中______为催化亚单位,______为调节亚单位。

9. 肝细胞和肌细胞属于不同细胞周期类型,肝细胞在受到损伤情况下能进行分裂,而肌细胞却不行,由此可判断肝细胞属于______,而肌细胞属于______。

10. 细胞周期中重要的检验点包括______、______、______和______。

11. 在减数分裂的前期发生同源染色体的______和等位基因的______；在有丝分裂后期中，是______发生分离，而在减数分裂后期Ⅰ中则是______发生分离。

三、选择题

1. 若在显微镜下观察到的某细胞具有核仁，并且核物质与细胞质的界限清晰，则可判定此细胞处于细胞的（　　）。

A. 间期　　B. 前期　　C. 中期　　D. 后期

2. 在细胞分裂中期与纺锤体的动粒微管相连，保证染色体平均分配到两个子细胞中的结构是（　　）。

A. 复制源　　B. 着丝粒　　C. 端粒　　D. 动粒

3. MPF的分子组成是（　　）。

A. CDK_2 和 cyclinB　　B. CDK_1 和 cyclinB

C. CDK_4 和 cyclinD　　D. CDK_2 和 cyclinD

4. 细胞周期正确的顺序是（　　）。

A. G_1—M—G_2—S　　B. G_1—G_2—S—M

C. G_1—M—G_2—S　　D. G_1—S—G_2—M

5. 在减数分裂过程中，同源染色体进行交叉和互换的这个时期称为（　　）。

A. 偶线期　　B. 粗线期　　C. 双线期　　D. 终变期

6. CDK是否具有酶活性依赖于（　　）。

A. 与周期蛋白的结合　　B. CDK本身的磷酸化

C. A、B都不需要　　D. A、B还不够

7. 有丝分裂中期最重要的特征标志是（　　）。

A. 染色体排列在赤道板上　　B. 纺锤体形成

C. 核膜破裂　　D. 姐妹染色单体移向两极

8. MPF的主要作用是调控细胞周期中（　　）。

A. G_1期向S期转换　　B. G_2期向M期转换

C. 中期向后期转换　　D. S期向G_2期转换

9. 核仁的消失发生在细胞周期的（　　）。

A. G_1期　　B. S期　　C. M期　　D. G_2期

10. 在第一次减数分裂中（　　）。

A. 同源染色体不分离　　B. 着丝粒不分离

C. 染色单体分离　　D. 不出现交叉

11. 不同细胞类型细胞周期时间的差别主要取决于（　　）期的长短。

A. M　　B. G_1　　C. S　　D. G_2

12. 休眠期细胞是暂时脱离细胞周期，不进行增殖，但在适当刺激下可以重新进入细胞周期的细胞，下列属于休眠期细胞的是(　　)。

A. 肝细胞　　B. 神经细胞

C. 小肠上皮组织基底层细胞　　D. 肌细胞

13. 在细胞周期的 G_2 期，细胞核的 DNA 含量为 G_1 期的(　　)。

A. 1/2 倍　　B. 1 倍　　C. 2 倍　　D. 不变

14. 染色体的解螺旋是由于哪一种组蛋白的去磷酸化？(　　)

A. H_1　　B. H_2A　　C. H_2B　　D. H_3

15. G_0期细胞一般是从(　　)即脱离了细胞周期。

A. G_1期　　B. S 期　　C. G_2期　　D. M 期

16. 有丝分裂器在(　　)极为典型。

A. 前期　　B. 前中期　　C. 中期　　D. 后期

17. MPF 不能促进(　　)。

A. 卵母细胞成为卵细胞　　B. 卵巢发育

C. G_2期向 M 期转化　　D. 蛋白质磷酸化

18. 在有丝分裂过程中，使用(　　)可以抑制纺锤体的形成。

A. 秋水仙素　　B. 紫杉醇

C. 羟基脲　　D. 细胞松弛素 B

19. 减数分裂过程中，联合复合体解体发生在(　　)。

A. 细线期　　B. 偶线期　　C. 粗线期　　D. 双线期

20. 在细胞周期中，哪一时期最适合研究染色体的形态结构？(　　)

A. 间期　　B. 前期　　C. 中期　　D. 后期

21. 细胞有丝分裂中期主要标志是(　　)。

A. 核膜消失　　B. 染色体排列在赤道板上

C. 核仁消失　　D. 染色体形成

22. DNA 含量经半保留复制增加一倍的过程发生在(　　)。

A. G_1期　　B. S 期　　C. G_2期　　D. M 期

23. 人体肝细胞属于(　　)。

A. 周期性细胞　　B. 暂不增殖细胞

C. G_1期细胞　　D. 终端分化细胞

24. RNA 和微管蛋白的合成发生在(　　)。

A. G_1期　　B. S 期　　C. G_2期　　D. M 期

25. 人体肌肉细胞属于(　　)。

A. 周期性细胞　　B. 暂不增殖细胞

C. G_1期细胞　　D. 终末分化细胞

26. 二条染色单体纵裂成二条染色体发生在(　　)。

A. 前期　B. 中期　C. 后期　D. 末期

27. 减数分裂过程中,同源染色体联会发生在(　　)。

A. 细线期　B. 偶线期　C. 粗线期　D. 双线期

28. 在细胞同步化的实验中,秋水仙素是常用的一种试剂,其作用机理是(　　)。

A. 抑制了二氢叶酸还原酶的活性　B. 促进胸苷的合成

C. 促进三磷酸腺苷的合成　D. 抑制纺锤体微管的聚合

29. 下列有关成熟促进因子(MPF)的叙述哪一条是错误的?(　　)

A. MPF 是一种在 G_2 期形成、能促进 M 期启动的调控因子

B. MPF 广泛存在于从酵母到哺乳动物的细胞中,由 $p34^{cdc2}$ 和 CyclinB 两种蛋白质组成

C. MPF 是一种蛋白激酶,在细胞从 G_2 期进入 M 期起重要作用

D. MPF 在整个细胞周期中表达量较为恒定

30. 下列有关癌基因的说法哪一条是错误的?(　　)

A. 癌基因是病毒基因组中存在的一段 DNA 序列,可导致细胞无限增殖而癌变

B. 脊椎动物细胞中也存在与病毒癌基因同源的 DNA 序列,其突变或过度表达可导致细胞癌变,称为细胞癌基因或原癌基因

C. 正常情况下,原癌基因表达量较少

D. 正常情况下,原癌基因表达量较大,因为是细胞生长、增殖所必需

31. 在细胞同步化的实验中,氨甲蝶呤是常用的一种试剂,其作用机理是(　　)。

A. 抑制了二氢叶酸还原酶的活性　B. 促进胸苷的合成

C. 促进三磷酸腺苷的合成　D. 抑制纺锤体微管的聚合

四、判断题

1. S 期是细胞周期中唯一合成 DNA 的时期,因此 S 期也是决定细胞繁殖速度的重要时期。(　　)

2. 在细胞周期中,在 G_1/S 和 G_2/M 处都存在检验点。(　　)

3. 动粒又称着丝点,是供纺锤体的动粒微管附着的结构。(　　)

4. 不同生物细胞的细胞周期有差异,而细胞周期的长短主要是由于 G_0 期的长短不同所致。(　　)

5. 动植物细胞在进行有丝分裂时,它们的纺锤体内都有两个中心粒。(　　)

6. 在减数分裂中，染色体数目的减半发生在后期Ⅱ。（ ）

7. 有丝分裂是体细胞增殖的方式，而生殖细胞只进行减数分裂。（ ）

8. 有丝分裂中期染色体次缢痕部位的染色质在间期都形成核仁结构。（ ）

9. G_0期细胞仍然保留细胞分裂的潜能。（ ）

10. 在细胞分裂中，除了动粒微管与染色体相互作用外，极微管和星体微管都没有明确作用。（ ）

五、简答题

1. 什么是细胞周期？细胞周期各时期的主要变化是什么？

2. 试比较有丝分裂和减数分裂的异同点。

3. 细胞周期中有哪些主要检验点？细胞周期检验点的生理作用是什么？

4. 什么是 MPF？如何证明某一细胞提取液中有 MPF？

5. 试述减数第一次分裂前期Ⅰ各个时期的名称和特点。

参考答案

一、名词解释

1. 细胞周期：连续分裂的细胞，从上一次有丝分裂结束开始到下一次有丝分裂结束所经历的整个过程。在这个过程中，细胞遗传物质复制，各组分加倍，平均分配到两个子细胞中。

2. 细胞周期检验点：在细胞内存在一系列的监控机制，可以鉴别细胞周期进程中的错误，并诱导产生特异的抑制因子，阻止细胞周期的进行，这些监控机制称为检验点。检验点不仅存在于G_1期，也存在于细胞周期的其他时期。

3. 有丝分裂：又称间接分裂，通过纺锤体的形成、运动以及染色体的形成，将 S 期已经复制好的 DNA 平均分配到两个子细胞中，以保证遗传的稳定性和连续性的分裂方式，由于这一分裂方式的主要特征是出现纺锤丝，特称为有丝分裂。

4. 减数分裂：有性繁殖生物为形成单倍体配子以完成生殖过程而进行的一种特殊的有丝分裂方式，包括两次细胞分裂而只有一次染色体复制，最终子细胞染色体数目减半。

5. 有丝分裂器:有丝分裂时,由微管及其结合蛋白所组成的纺锤体和中心复合体。

6. MPF(细胞促分裂因子):又称促成熟因子或 M 期促进因子,是指存在于成熟卵细胞的细胞质中,可以诱导卵细胞成熟的一种活性物质。已经证明,MPF 是一种蛋白激酶,包括两个亚基即 Cdc_2 蛋白和周期蛋白,当二者结合后表现出蛋白激酶活性,可以使多种蛋白质底物磷酸化;MPF 是一种普遍存在的、进化上较保守的 G_2/M 转换调控者。

7. 细胞周期蛋白:与细胞周期调控有关的、其含量随细胞周期进程变化而变化的特殊蛋白质。最初在海胆卵中发现,一般在细胞间期内积累,在细胞分裂期内消失,在下一个细胞周期又重复这一消长现象,即在每一轮间期合成,G_2/M 时达到高峰,M 期结束时被水解,下一轮周期又重新合成积累。已经证明周期蛋白广泛存在于各种真核生物中,是诱导细胞进入 M 期必需的,说明周期蛋白是细胞周期的调控者,可能参与了 MPF 功能的调节,是 MPF 的一部分。

8. 联会复合体:在联会的同源染色体之间,沿纵轴方向形成的一种特殊结构。由两个侧生成分和一个中央成分构成,作用是识别并稳定同源染色体,便于非姐妹染色单体之间的交换和重组。

二、填空题

1. 染色体列队;分离(核分裂);胞质分裂。
2. 三联体微管;垂直;间期。
3. 动粒微管;极性微管;纺锤体微管;中心体。
4. 直接分裂(无丝分裂);有丝分裂;减数分裂。
5. G_1 期(复制前期);S 期(复制期);G_2 期(复制后期);M 期(分裂期)。
6. 持续增殖细胞;静止期细胞;终末分化细胞。
7. MPF。
8. CDK_1;周期蛋白 B;CDK_1;周期蛋白 B。
9. 休眠细胞(静止期细胞);终末分化细胞。
10. 未复制 DNA 检测点;纺锤体组装检测点;染色体分离检测点;DNA 损伤检测点。
11. 配对;互换;姐妹染色单体;同源染色体。

三、选择题

1. A 2. D 3. B 4. D 5. B 6. D 7. A 8. B 9. C 10. B

11. B　12. A　13. C　14. A　15. A　16. C　17. B　18. A　19. D
20. C　21. B　22. B　23. B　24. C　25. D　26. C　27. B　28. D
29. D　30. D　31. A

四、判断题

1. ×　2. √　3. √　4. ×　5. ×　6. ×　7. ×　8. ×　9. √　10. ×

五、简答题

1. 什么是细胞周期？细胞周期各时期的主要变化是什么？

答:细胞周期是指连续分裂的细胞，从上一次有丝分裂结束开始到下一次有丝分裂结束所经历的整个过程。在这个过程中，细胞遗传物质复制，各组分加倍，平均分配到两个子细胞中。

细胞周期被划分为四个时期：G_1 期(复制前期，M 期结束至 S 期间的间隙)、S 期(复制期，DNA 合成期)、G_2 期(复制后期，S 期结束至 M 期间的间隙)、M 期(有丝分裂期)。在正常情况下，细胞沿着 $G_1 \rightarrow S \rightarrow G_2 \rightarrow M$ 运转，细胞通过 M 期被分裂为两个子细胞，完成增殖过程。

G_1 期：主要合成细胞生长所需要的各种蛋白质、RNA、糖类、脂质等。

S 期：主要进行 DNA 的复制和组蛋白的合成。

G_2 期：此时 DNA 的含量已增加一倍。主要进行其他蛋白质的合成。

M 期：主要进行染色体的分离、胞质分裂，一个细胞分裂为两个子细胞。

2. 试比较有丝分裂和减数分裂的异同点。

答:相同点：都为二分分裂方式；分裂过程中均有有丝分裂器的出现；都有明显的细胞核特别是染色体的变化。不同点见下表：

比较项目	减数分裂	有丝分裂
目的	产生配子	增加细胞数量
子细胞染色体数目	减半	不变
发生的细胞	性细胞	体细胞
同源染色体的活动	配对、互换	独立活动
细胞周期	两次细胞周期，DNA 复制一次，细胞分裂两次	一次细胞周期，DNA 复制一次，细胞分裂一次
子细胞	完全不同 4 个子细胞	两个相同子细胞

3. 细胞周期中有哪些主要检验点？细胞周期检验点的生理作用是什么？

答：细胞周期检验点主要有：R 点，G_1/S，G_2/M，中期/后期，即：G_1 期中的 R 点或限制点，S 期的 DNA 损伤检验点、DNA 复制检验点，G_2/M 检验点，M 中期至 M 后期又称纺锤体组装检验点等。

通过细胞周期检验点的调控使细胞周期能正常动转，从而保证了遗传物质能精确地均等分配，产生具有正常遗传性能和生理功能的子代细胞，如果上述检验点调控作用丢失，就会导致基因突变、重排，使细胞遗传性能紊乱，增殖、分化异常，细胞癌变甚至死亡。

4．什么是 MPF？如何证明某一细胞提取液中有 MPF？

答：MPF 又称促成熟因子或 M 期促进因子，是指存在于成熟卵细胞的细胞质中的可以诱导卵细胞成熟的一种活性物质。已经证明，MPF 是一种蛋白激酶，包括两个亚基即 Cdc_2 蛋白和周期蛋白，当二者结合后表现出蛋白激酶活性，可以使多种蛋白质底物磷酸化。

将该细胞提取液注射到新的未成熟的卵母细胞中，检测该卵母细胞是否能够被诱导成熟，若能，则证明该细胞提取液中存在 MPF。

5．试述减数第一次分裂前期Ⅰ各个时期的名称和特点。

答：(1) 细线期，染色质开始凝集，仍呈单条细线状，有染色粒的形成。

(2) 偶线期，染色质进一步凝集，同源染色体通过联会复合体发生联会。

(3) 粗线期，染色体变粗变短，二价体变为四分体，非姐妹染色单体在重组小结处完成交换。

(4) 双线期，联会染色体互斥、分离，交叉数目减少、端化，联会复合体消失。

(5) 终变期，染色体更粗更短，交叉进一步端化，核膜、核仁消失，染色体开始移动到赤道面。

第十五章 细胞分化与干细胞

一、填空题

1. ______是多细胞生物发育的基础与核心,细胞分化的关键在于______。

2. 在个体发育中,由一种相同的细胞类型经细胞分裂后逐渐在______、______和______上形成________,产生各不相同的细胞类群的过程称为分化。

3. 合成特异性蛋白质实质在于组织特异性基因在________和________上的差异性表达。

4. 细胞分化的普遍规律是________的结果。

5. 干细胞按其不同的分化能力可分为________、________和________。

6. 成体中具有分化成多种血细胞能力的细胞称为________。

7. 成体中仅具有分化成某一种类型能力的细胞称为________。

8. 分化细胞基因组中所表达的基因大致可分为两种基本类型,一类是_______,另一类是________。

9. 动物体内细胞分裂调节失控而无限增殖的细胞称为________,具有转移能力的肿瘤称为________。

10. 多细胞生物的个体发育过程包括________和________,在________阶段,胚胎细胞第一次出现了细胞类型的分化。

二、名词解释

1. 细胞分化(cell differentiation)
2. 细胞全能性(totipotency)
3. 干细胞(stem cell)
4. 胚胎干细胞(embryonic stem cell,ESC)
5. 成体干细胞(adult stem cell,ASC)
6. 管家基因(house keeping genes)
7. 奢侈基因(luxury genes)
8. 细胞决定(cell determination)
9. 胚胎诱导(embryonic induction)

三、判断题

1. 细胞的分化是多细胞生物体发育的基础,也是单细胞生物体生活的周期变化的基础。(　　)

2. 理论上不是所有的分化细胞都可以发生去分化现象的。(　　)

3. 调节基因的产物只用于激活组织特异性基因的表达。(　　)

4. 细胞的分化是不可逆转的。(　　)

5. 再生过程中,所有细胞均涉及转分化。(　　)

6. 近端组织的相互作用对细胞分化的影响主要通过激素调节。(　　)

7. 在分化程度上癌细胞高于良性肿瘤细胞。(　　)

8. 人的二倍体细胞中肿瘤抑制基因的两个拷贝,只要其中一个失活或者丢失,就可引起细胞增殖的失控。(　　)

9. 真核细胞基因表达调控很大程度上取决于环境的诱导和对环境的适应。(　　)

四、选择题

1. 终末分化细胞的细胞核,其全能性(　　)。
   A. 已失去　　B. 仍保持
   C. 依据不同的细胞类型而定　　D. 视动植物细胞而言

2. 细胞分化是由于(　　)中某些或某种基因选择性地表达的结果。
   A. 奢侈基因　　B. 管家基因
   C. 结构基因　　D. 转录调控因子基因家族

3. 动物的正常细胞在体外培养条件下的生长行为是(　　)。
   A. 能无限增殖
   B. 在有充分营养条件下,能无限增殖
   C. 不能无限增殖,其增殖代数与物种和供体年龄有关
   D. 不能无限增殖,主要原因与培养条件有关

4. 细胞的生长和分化在本质上是不同的,生长是细胞数量的增加、干重的增加;而细胞分化则是(　　)。
   A. 形态结构发生变化　　B. 生理功能发生变化
   C. 生化特征发生变化　　D. 以上都是正确的

5. 细胞分化的基因表达调控主要发生于(　　)。
   A. 翻译后水平　B. 翻译水平　C. 转录水平　D. 分裂水平

6. 细胞分化发生于细胞分裂的(　　)。
A. G_1期　B. G_2期　C. S期　D. M期
7. 细胞分化的去向取决于(　　)。
A. 胚胎诱导　B. 细胞转化　C. 细胞决定　D. 细胞分裂

五、简答题

1. 细胞分化的调节因素有哪些?
2. 何谓细胞分化?为什么说细胞分化是基因选择性表达结果?

参考答案

一、填空题

1. 细胞分化;组织特异性蛋白质合成。
2. 形态;结构;功能;稳定性差异。
3. 时间;空间。
4. 基因选择性表达。
5. 全能干细胞;多能干细胞;单能干细胞。
6. 多能造血干细胞。
7. 单能干细胞。
8. 管家基因;奢侈基因。
9. 肿瘤细胞;恶性肿瘤。
10. 胚胎发育;胚后发育;囊胚。

二、名词解释

1. 细胞分化:由单个受精卵产生的细胞,在形态、结构、生化组成和功能等方面均有明显的差异,形成这种稳定性差异的过程,称为细胞分化。

2. 细胞全能性:细胞经分裂和分化后仍具有产生完整有机体的潜能和特性,称为细胞的全能性。

3. 干细胞:具有自我更新、高度增殖和多向分化潜能的细胞群体。

4. 胚胎干细胞:来源自受精卵分裂发育成囊胚时内细胞团中未分化的细胞,它具有体外培养无限增殖、自我更新和多向分化的特性。

5. 成体干细胞:来源于成体组织器官中,具有自我更新及分化产生不同组织细胞能力的细胞。

6. 管家基因:所有细胞中均要表达的一类基因,其产物是维持细胞基本生命活动所必需的。可编码管家蛋白,如膜蛋白、线粒体蛋白等。

7. 奢侈基因:又称组织特异性基因,不同的细胞类型进行特异表达的基因,产物赋予各种类型细胞特异的形态结构特征与生理功能。可编码奢侈蛋白,如血红蛋白。

8. 细胞决定:在个体发育过程中,细胞在发生可识别的分化特征之前就已经确定了未来的发育命运,只能向特定方向进化的状态。

9. 胚胎诱导:在胚胎发育过程中,一部分细胞影响相邻细胞向一定方向分化的作用,称为胚胎诱导。诱导组织通过释放旁分泌因子实现。

三、判断题

1. √ 2. √ 3. × 4. × 5. × 6. × 7. × 8. × 9. ×

四、选择题

1. B 2. A 3. C 4. D 5. C 6. A 7. C

五、简答题

1. 细胞分化的调节因素有哪些?

答:(1) 细胞决定先于细胞分化并制约着分化的方向。

(2) 母源效应基因产物的极性分布决定细胞分化与发育的命运。

(3) 胚胎诱导在细胞分化中的作用。

(4) 激素对细胞分化的调节。

(5) 环境对性别决定的影响。

2. 何谓细胞分化? 为什么说细胞分化是基因选择性表达结果?

答:细胞分化:由单个受精卵产生的细胞,在形态、结构、生化组成和功能等方面均有明显的差异,形成这种稳定性差异的过程,称为细胞分化。

细胞分化本质:尽管分化的细胞类型千差万别,但究其本质是基因组保持相同而表达的基因不同,从而在形态结构、生理功能及生物学行为方面均有所不同。

分子杂交技术检测基因及其表达表明:细胞中染色体数目和 DNA 含量是不变的,只是表达的基因有差异。

第十六章 细胞衰老与细胞死亡

一、填空题

1. 细胞凋亡的发生过程，在形态学上可分为三个阶段：________、________与________；与细胞凋亡的生化改变相关的最重要的酶是________。
2. 根据细胞死亡的特点不同，细胞死亡可以分为________与________。
3. 根据人体细胞寿命不同，可将人体组织分为______、______与______。
4. 检测细胞凋亡最简单可靠的方法是________。
5. 正常二倍体成纤维细胞在体外培养条件下具有________特性。
6. 目前认为细胞衰老的原因和机制包括：________、________、________、________等。

二、名词解释

1. apoptosis
2. 细胞衰老（aging，senescence）
3. Hayflick 界限
4. 凋亡小体

三、选择题

1. 细胞凋亡的一个重要特征是（　　）。
   A. DNA 随机断裂　　B. DNA 发生核小体间断裂
   C. 80S 核糖体的 rRNA 断裂　　D. mRNA 的断裂
2. Hayflik 界限是指（　　）。
   A. 细胞最大分裂次数　　B. 细胞最大分裂速度
   C. 细胞最小分裂次数　　D. 细胞最适分裂次数
3. 下面与细胞衰老机制无关的理论是（　　）。
   A. 氧化损伤学说　　B. 端粒钟学说
   C. 细胞全能性学说　　D. 有丝分裂钟学说

4. 下面不属于细胞衰老过程中结构变化的是(　　)。
A. 细胞核染色变深,核内包含物增多
B. 内质网弥散性分散于核周质中
C. 细胞内糖原增多,肪肪减少
D. 线粒体数目减少,mtDNA 突变增多

四、判断题

1. 物种寿命与培养细胞之间存在正相关的关系。即物种寿命越长,其培养细胞的传代次数越多。反之,其培养细胞的传代次数越少。(　　)

2. 人胚成纤维细胞的体外培养分裂次数为 110 次。(　　)

3. 细胞凋亡时,DNA 发生断裂,产生大小不同的片段,它们是 180～200 bp 的倍数。(　　)

4. 脂褐质沉积增加见于细胞凋亡早期细胞。(　　)

5. 细胞色素 C 在线粒体中合成,线粒体释放细胞色素 C 加速细胞衰老。(　　)

6. 溶酶体数量增加、体积增大见于细胞凋亡晚期细胞。(　　)

7. 细胞本身没有衰老和死亡,衰老只是一种多细胞现象,多细胞体内观察到的细胞衰老起因不在细胞本身,而由于体内、体外环境影响。(　　)

8. 对于体外培养二倍体细胞,决定细胞衰老的因素在于外部环境。(　　)

9. 细胞中线粒体数量随年龄增大而减少,体积则随年龄增大而增大。(　　)

10. 根据衰老的自由基理论,清除自由基可以延长寿命。(　　)

11. 细胞凋亡和坏死过程中都会产生凋亡小体。(　　)

12. 植物细胞和动物细胞一样都存在着细胞凋亡。(　　)

五、简答题

1. 简述细胞凋亡的生物学意义。

2. 简述细胞凋亡的形态学特征。

3. 简述细胞凋亡与细胞坏死的区别。

参考答案

一、填空题

1. 凋亡的起始;凋亡小体的形成;凋亡小体被临近细胞或吞噬细胞吞噬;Caspase 切冬酶或天冬氨酸特异性半胱氨酸蛋白水解酶。

2. 细胞坏死;细胞凋亡。

3. 更新组织;稳定组织;恒久组织。

4. DNA 梯度条带。

5. 接触性抑制。

6. 遗传衰老学说;自由基学说;端粒酶学说;代谢废物积累学说。

二、名词解释

1. apoptosis:细胞凋亡,细胞凋亡是一个主动的由基因决定的自动结束生命的过程,受到严格的由遗传机制决定的程序性控制,所以也常常被称为细胞编程死亡。

2. 细胞衰老:又称老化,细胞在正常条件下发生的细胞生理功能衰退和增殖能力减弱,以及细胞形态发生改变并趋向死亡的现象。

3. Hayflick 界限:美国生物学家 Hayflick 提出的关于细胞增殖能力和寿命是有限的观点。细胞,至少是培养的二倍体细胞,不是不死的,而是有一定的寿命。它们的增殖能力不是无限的,而是有一定的界限,这就是 Hayflick 界限。

4. 凋亡小体:细胞凋亡过程中,核染色质断裂为大小不等的片段,与某些细胞器如线粒体一起聚集,为反折的细胞质膜所包围,产生了许多泡状或芽状突起,逐渐形成单个的凋亡小体。

三、选择题

1. B　2. A　3. C　4. C

四、判断题

1. √ 2. × 3. √ 4. × 5. × 6. × 7. × 8. × 9. √
10. × 11. × 12. √

五、简答题

1. 简述细胞凋亡的生物学意义。

答：细胞凋亡对于多细胞生物个体发育的正常进行、自稳平衡的保持以及抵御外界各种因素的干扰方面，都起着非常关键的作用：

(1) 清除多余的细胞。

(2) 有利于清除无用细胞。

(3) 有利于清除有害细胞，作为自身的一种保护机制。

(4) 有利于清除完成正常使命的衰老细胞，如人体红细胞、动物表皮细胞、胃肠道细胞。

(5) 维持器官、组织细胞数目的相对平衡。

2. 简述细胞凋亡的形态学特征。

答：(1) 细胞核变化。染色质固缩，形成新月形帽状结构等形态。

(2) 细胞膜变化。细胞表面结构如微绒毛消失，细胞间接触的消失，但细胞膜完整。

(3) 细胞质变化。线粒体大体完整，但核糖体逐渐从内质网上脱离，内质网囊腔膨胀，并逐渐与质膜融合。

(4) 凋亡小体的形成。核染色质断裂为大小不等的片段，与某些细胞器如线粒体一起聚集，为反折的细胞质膜所包围，产生了许多泡状或芽状突起，逐渐形成单个的凋亡小体。

(5) 凋亡小体逐渐为邻近的细胞吞噬并消化。

3. 简述细胞凋亡与细胞坏死的区别。

答：见下表。

细胞凋亡和细胞坏死的区别

区别点	细 胞 凋 亡	细 胞 坏 死
起因	生理或病理性	病理性变化或剧烈损伤
范围	单个散在细胞	大片组织或成群细胞
细胞膜	完整,形成凋亡小体	破损
细胞核	固缩,DNA 片段化	弥漫性降解
染色质	凝聚在核膜下呈半月状	呈絮状
线粒体	自身吞噬	肿胀
细胞体积	固缩变小	肿胀变大
凋亡小体	有,被相邻细胞或巨噬细胞吞噬	无,细胞自容,残余碎片被巨噬细胞吞噬
基因组 DNA	有控解,电泳图错呈梯状	随机降解,电泳图谱呈涂抹状
基因活动	由基因调控	无基因调控
自吞噬	常见	缺少
蛋白质合成	有	无

医学细胞生物学模拟试卷

考试时间:100 分钟

题号	一	二	三	四	五	总分
题型	填空题	选择题	名词解释	是非题	简答题	
分值	25 分	30 分	15 分	10 分	20 分	
得分						

一、填空题(每空 0.5 分,共 25 分)

1. 真核细胞亚显微水平的三大基本结构体系是____________、____________和____________。

2. 磷脂分子是兼性分子,它具有________和________两个不同性质的部分。根据膜蛋白与膜脂的关系,可将其分为________蛋白和________蛋白。

3. 细胞中的生物大分子一般包括______、______、______和______等。

4. 动物细胞连接有_______、_______、_______等几类,其中_______还有细胞通信作用。

5. 内质网可分为__________和__________两种类型,其中前者在细胞中多由__________构成,主要合成分泌蛋白;后者由小管或__________构成,主要从事细胞的解毒作用。

6. 核糖体可分为两类,即__________和____________,其中前者主要合成____________蛋白,后者主要合成__________蛋白。

7. 中心粒是由________组成的,每个中心体各含有一对互相________的中心粒,在细胞周期的__________期进行复制。

8. 染色体的四级结构分别是:__________、__________、__________、__________。

9. 细胞呼吸过程中糖酵解发生_________,三羧酸循环发生于_________,氧化磷酸化过程在__________上进行,由__________和__________完成。

10. 根据受体所在的部位不同分为细胞膜受体和细胞内受体,其中细胞膜受体又分为:____________、____________和____________三类,其中

________主要见于可兴奋细胞间的突触信号传递。

11. G蛋白的GTP结合位点位于________亚单位上，在生理状态下，亚单位________和________总是结合在一起；G蛋白结合________处于活化状态。

12. 细胞进入G_1期后受________的调节，有三种发展方向，分别是________、________、________。

13. 干细胞是指机体中具有________和________能力的细胞，成体干细胞分化特点：________和________。

二、选择题(每题只有1个最佳答案，每题1分，共30分)

14.	15.	16.	17.	18.
19.	20.	21.	22.	23.
24.	25.	26.	27.	28.
29.	30.	31.	32.	33.
34.	35.	36.	37.	38.
39.	40.	41.	42.	43.

14. 糖类分布在细胞膜的(　　)。
    A. 内表面　　B. 外表面
    C. 内、外表面都有　　D. 内、外表面之间

15. 生物膜是指(　　)。
    A. 单位膜　　B. 细胞膜及内膜系统的总称
    C. 包围在细胞外面的一层薄膜　　D. 细胞各种膜的总称

16. 下列有关DNA双螺旋的哪种陈述是错误的？(　　)
    A. 双螺旋中的两条链走向相同
    B. 双螺旋为生物体内DNA的存在方式
    C. 双螺旋中的嘌呤的总量与嘧啶的总量相等
    D. 双螺旋在DNA复制时要解开

17. 从上皮细胞的顶部到底部，各种细胞表面连接出现的顺序是(　　)。
    A. 紧密连接、黏着连接、桥粒、半桥粒
    B. 桥粒、半桥粒、黏着连接、紧密连接
    C. 黏着连接、紧密连接、桥粒、半桥粒
    D. 紧密连接、黏着连接、半桥粒、桥粒

18. 高尔基复合体的小囊泡主要来自(　　)。

A. 溶酶体 B. 粗面内质网 C. 微粒体 D. 滑面内质网

19. 过氧化物酶体的主要功能是(　　)。

A. 合成 ATP B. 胞内消化作用

C. 参与过氧化氢的形成及分解 D. 合成蛋白质

20. 下列哪项不是微丝的组成成分?(　　)

A. G-肌动蛋白 B. 肌球蛋白 C. 肌钙蛋白 D. 胶质蛋白

21. 内质网膜的标志酶是(　　)。

A. 胰酶 B. 糖基转移酶

C. 葡萄糖-6-磷酸酶 D. RNA 聚合酶

22. 参与动物细胞胞质分裂的细胞骨架是(　　)。

A. 微管 B. 微丝 C. 中间纤维 D. 核纤层

23. 溶酶体所含的酶的是(　　)。

A. 氧化酶 B. ATP 合成酶 C. 糖酵解酶 D. 酸性水解酶

24. 核仁的功能是(　　)。

A. 形成 rRNA 和核糖体前身(大、小亚基)

B. 形成 mRNA 和 tRNA

C. 形成 tRNA 和组蛋白

D. 形成 rRNA 和 DNA

25. 异染色质的特点是(　　)。

A. 染色浅,间期无转录活性 B. 染色深,间期有转录活性

C. 染色浅,间期有转录活性 D. 染色深,间期无转录活性

26. 质子泵存在于(　　)。

A. 内质网膜上 B. 高尔基体膜上

C. 溶酶体膜上 D. 过氧化物酶体膜上

27. 真核细胞中合成脂类分子的场所主要是(　　)。

A. 内质网 B. 高尔基体 C. 核糖体 D. 溶酶体

28. 被称为细胞内大分子运输交通枢纽大细胞器是(　　)。

A. 内质网 B. 高尔基体 C. 中心体 D. 溶酶体

29. 被称为细胞内能量货币的是(　　)

A. GTP B. AMP C. ADP D. ATP

30. PIP_2分解后生成的何种物质能促进胞内钙离子浓度的升高?(　　)

A. IP_3 B. DAG C. CaM D. PKC

31. 以下物质中不能通过简单扩散通过细胞膜脂双层的是(　　)。

A. 尿素 B. 水 C. 氨基酸 D. 二氧化碳

32. 细胞内蛋白质进入细胞核的穿膜运输信号是(　　)。

A. 导肽　　B. cAMP
C. 信号识别颗粒(SRP)　　D. NLS

33. 下列哪个时期的肿瘤细胞对化疗药物不敏感,具有肿瘤复发的潜在危险?(　　)

A. G_1期　　B. S期　　C. G_2期　　D. G_0期

34. 使细胞分裂停留在中期的药物是(　　)。

A. 秋水仙素　　B. 细胞松弛素　　C. 氯霉素　　D. 放线菌素D

35. 以下物质跨膜转运过程中耗能的是(　　)。

A. 帮助扩散　　B. 通道蛋白介导的运输
C. 胞吞　　D. 尿素的跨膜转运

36. 低密度脂蛋白(LDL)进入细胞的方式是(　　)。

A. 协同运输　　B. 协助扩散
C. 主动运输　　D. 受体介导的胞吞作用

37. 以下对于动物细胞有丝分裂描述有误的是(　　)。

A. 包括核分裂和胞质分裂两个过程
B. 分裂过程中有染色体配对与分离
C. 有纺锤体和收缩环的出现
D. 胞质分裂与核分裂是相对独立的过程

38. 在减数分裂偶线期细胞中可以观察到的结构是(　　)。

A. 染色质　　B. 四分体　　C. 纺锤体　　D. 二价体

39. 下列哪种蛋白是属于维持细胞生命活动所必需的管家蛋白(　　)。

A. 角蛋白　　B. 分泌蛋白　　C. 血红蛋白　　D. 膜蛋白

40. 下列哪类细胞不具有分化能力?(　　)

A. 胚胎细胞　　B. 肝、肾细胞
C. 骨髓干细胞　　D. 皮肤生发层细胞

41. 下列哪种配对是错误的?(　　)

A. ATP-三磷酸腺苷　　B. SER-滑面内质网
C. mtDNA-原核细胞DNA　　D. MPF-有丝分裂促进因子

42. 克隆羊的成功一方面说明了体细胞核保存着全部的遗传信息,另一方面也说明了(　　)对细胞的决定和分化起着关键性的作用。

A. 卵细胞质　　B. 卵细胞核　　C. 体细胞质　　D. 体细胞核

43. 细胞凋亡指的是(　　)。

A. 细胞因增龄而导致的正常死亡　B. 细胞因损伤而导致的死亡
C. 机体细胞程序性的自杀死亡　　D. 机体细胞非程序性的自杀死亡

三、名词解释(英文的，先翻译，再解释；每题 2.5 分，共 15 分)

44. cell theory
45. 内膜系统
46. 核小体
47. 氧化磷酸化
48. 主动运输
49. programmed cell death

四、判断题(正确的打"√"，错误的打"×"；每题 1 分，共 10 题)

50.	51.	52.	53.	54.
55.	56.	57.	58.	59.

50. 脂质体是根据磷脂分子可在水相中形成稳定的脂双层膜的趋势而制备的人工膜。(　　)
51. 内膜系统包括了细胞内所有的膜性细胞器。(　　)
52. 溶酶体只消化通过胞吞机制所摄入的物质。(　　)
53. 核仁是细胞核的一种恒定结构，在整个细胞周期中都可以看到。(　　)
54. 硅肺的产生与溶酶体有关，是肺中巨噬细胞溶酶体酶活性过强所致。(　　)
55. 信号分子与受体结合具有高度的特异性，并且不可逆。(　　)
56. 单运输不需要 ATP 和载体蛋白，而共运输则需要 ATP 和载体蛋白。(　　)
57. 物质逆浓度梯度运输时需要消耗代谢能，而膜泡运输是不消耗代谢能的。(　　)
58. 有丝分裂器是细胞分裂期间由中心粒、纺锤体及染色体形成的一个临时性的细胞结构，在维持染色体平衡、运动及分配中起着重要作用。(　　)
59. 在显微镜使用中，如果玻片放反了，在低倍镜和高倍镜下均看不到物像。(　　)

五、简答题(共 20 分)

60. 如何理解"细胞是生命活动的基本单位"这一句话？(4 分)

61. 简述细胞核的基本结构及其主要功能。(5分)

62. 以溶酶体酶蛋白的分拣运输与溶酶体的形成为例,简述细胞内蛋白质的分选、分拣和加工过程。(6分)

63. 简述减数分裂前期Ⅰ的分期及主要特征。(5分)

参考答案

一、填空(每空0.5分,共25分)

1. 生物膜体系;遗传信息表达体系;细胞骨架体系。
2. 极性头部;非极性尾部;外在(外周)膜;内在(整合)膜。
3. 核酸;蛋白质;多糖;脂类。
4. 封闭连接;锚定连接;通信连接;通信连接。
5. 粗面内质网;滑面内质网;扁囊;小泡。
6. 游离核糖体;附着核糖体;结构蛋白;分泌蛋白。
7. 微管蛋白;垂直;S。
8. 核小体;螺旋管;超螺线管;染色体。
9. 细胞质;线粒体基质;线粒体内膜;呼吸链;基粒。
10. 离子通道受体;G蛋白偶联受体;催化受体或酶偶联受体;离子通道受体。
11. α;β;γ;GTP。
12. R点或限制点;继续增殖;暂不增殖;永不增殖。
13. 自我更新;分化潜能;不对称分裂;分化方向已确定或稳定性。

二、选择题(每题只有1个最佳答案,每题1分,共30分)

14. B	15. D	16. A	17. A	18. B
19. C	20. D	21. C	22. B	23. D
24. A	25. D	26. C	27. A	28. B
29. D	30. A	31. C	32. D	33. D
34. A	35. C	36. D	37. B	38. D
39. D	40. B	41. C	42. A	43. C

三、名词解释(英文的,先翻译,再解释;每题2.5分,共15分)

44. cell theory:一切植物、动物都是由细胞组成的,细胞是一切动植物的基本单位。这一学说即"细胞学说"(cell theory)。

45. 内膜系统:细胞内在结构、功能及发生上相关的由膜包围形成的细胞器或细胞结构。它们靠内与核膜相连接,靠外与细胞膜相连续。主要包括内质网、高尔基体、溶酶体等。

46. 核小体:染色体的基本结构单位,是由组蛋白和200个碱基对的DNA双螺旋组成的球形小体,其核心由四种组蛋白(H_2A、H_2B、H_3、H_4)各两分子共8分子组成的八聚体,核心的外面缠绕了1.75圈的DNA双螺旋,其进出端结合有H_1组蛋白分子。

47. 氧化磷酸化:高能电子在线粒体内膜呼吸链上传递过程中,释放出的能量被基粒用来催化合成ATP的作用,称为氧化磷酸化。

48. 主动运输:利用细胞代谢能,借助载体蛋白来驱动物质逆浓度的运输。

49. programmed cell death:细胞程序性死亡,指活组织中,单个细胞由于外来因素促使内在编程基因表达,通过主动的生理生化过程而自杀死亡的现象。

四、判断题(正确的打"√",错误的打"×";每题1分,共10题)

50. √	51. ×	52. ×	53. ×	54. ×
55. ×	56. ×	57. ×	58. √	59. ×

五、简答题(共20分)

60. 如何理解"细胞是生命活动的基本单位"这一句话?(4分)

答:细胞是构成一切生物有机体的基本单位;细胞是一切生物有机体代谢与功能的基本单位;细胞是一切生物有机体生长与发育的基础;细胞是遗传的基本单位。

61. 简述细胞核的基本结构及其主要功能。(5分)

答:细胞核是真核细胞内最大、最重要的细胞器,主要由核被膜、染色质、核仁及由非组蛋白质组成的网络状的核基质组成,是遗传信息的贮存场所,是细胞内基因复制和RNA转录的中心,是细胞生命活动的调控中心。

62. 以溶酶体酶蛋白的分拣运输与溶酶体的形成为例,简述细胞内蛋白质的

分选、分拣和加工过程。(6 分)

答:溶酶体酶首先在游离核糖体上合成信号肽,在信号肽的引导下附着到内质网继续合成。(1 分)

在内质网中合成并进行糖基化等加工,然后通过膜泡运输的方式运输到高尔基体进行加工和分拣。(1.5 分)

在高尔基体中,溶酶体酶蛋白上的部分甘露糖残基受磷酸转移酶的催化形成 M6P,M6P 是分拣信号,由于 M6P 的存在,溶酶体酶在高尔基体的运输过程中不被剪切。高尔基体的反面管网结构膜上有 M6P 的受体,因此溶酶体酶被分拣。(2 分)

高尔基体中的被富集起来的溶酶体酶通过膜泡运输的方式运输到胞内某种晚期内吞体,由于晚期内吞体的酸性环境 M6P 受体通过小泡运回高尔基体膜上,而溶酶体酶 M6P 脱去磷酸根,完成溶酶体酶的分拣和运输。(1.5 分)

63. 简述减数分裂前期Ⅰ的分期及主要特征。(5 分)

答:前期Ⅰ分五个时期:

(1) 细线期。已经过复制的染色质呈细丝状。(1 分)

(2) 偶线期(合线期)。细线期中两条同源染色体随机排列,到了偶线期同源染色体与核膜相连的部分移位在一起,然后它们的侧面沿中轴紧密相贴进行配对,形成四分体,称为联会。(1 分)

(3) 粗线期。染色体明显变粗变短,同源染色体的非姐妹染色单体间发生 DNA 的片断互换在光镜下可看到交叉(chiasma)现象,可产生新的等位基因组合。(1 分)

(4) 双线期。同源染色体开始逐渐分开,但仍有几处相连,联会复合体消失。(1 分)

(5) 终变期。染色体进一步浓缩,交叉端化。(1 分)

参 考 文 献

[1] 方瑾，黄东阳. 医学细胞生物学实验指导与习题集[M]. 4 版. 北京：人民卫生出版社，2022.

[2] 邹方东，苏都莫日根，王宏英，等. 细胞生物学实验指南[M]. 3 版. 北京：高等教育出版社，2020.

[3] 陈誉华. 医学细胞生物学[M]. 6 版. 北京：人民卫生出版社，2018.

[4] 陈誉华. 医学细胞生物学[M]. 5 版. 北京：人民卫生出版社，2013.

[5] 丁明孝，王喜忠，张传茂，等. 细胞生物学[M]. 5 版. 北京：高等教育出版社，2020.

[6] 蔡绍京，霍正浩. 医学细胞生物学[M]. 3 版. 北京：科学出版社，2019.

[7] 科学技术名词审定委员会. 细胞生物学名词[M]. 2 版. 北京：科学出版社，2009.

[8] Alberts B，Bray D，Lewis J，et al. Molecular Biology of the Cell[M]. 6th ed. New York：Garland Science，Taylor & Francis Group，LLC，2015.

[9] Li J，Wang Y，Wang L，et al. Low expression of miR-1929-3p mediates murine cytomegalovirus-induced fibrosis in cardiac fibroblasts via targeting endothelin a receptor/NLRP3 inflammasome pathway[J]. In Vitro Cell. Dev. Biol. Anim.，2023，59(3)：179-192.

[10] Tang Y，Du E，Wang G，et al. A negative feedback loop centered on SMAD3 expression in transforming growth factor β1-induced corneal myofibroblast differentiation[J]. Exp. Eye Res.，2023，236：109654.

[11] Zhan F，Deng Q，Chen Z，et al. SAR1A regulates the RhoA/YAP and autophagy signaling pathways to influence osteosarcoma invasion and metastasis[J]. Cancer Sci.，2022，113(12)：4104-4119.

[12] 谭军，蔡磊明，张乐. 4 种动物染色体的制片方法[J]. 农药，2007(3)：162-165.

[13] 周华山，陈祥，赵明，等. 几种实验小鼠骨髓染色体和中国仓鼠不同组织同工酶分析[J]. 中国老年学杂志，2013，33(9)：2070-2073.

[14] 刘俊，李栋，张亚龙，等. 小鼠骨髓染色体 G 显带最佳制备方法的探究[J]. 畜牧与饲料科学，2012，33(Z1)：21-22.

[15] Yang D，Jiang T，Lin P，et al. Knockdown of apoptosis inducing factor gene protects endoplasmic reticulum stressmediated goatgranulosa cell apoptosis[J]. Theriogenology，2017，15：88-97.

[16] Sun J，Jiang J，Lu K，et al. Therapeutic potential of ADAM17 modulation in gastric cancer through regulation of the EGFR and TNF-α signalling pathways[J]. Mol. Cell Bio-

chem. ,2017,426(1/2):17-26.

[17] Ma T,Ouyang T,Ouyang H,et al. Porcine circovirus 2 proliferation can be enhanced by stably expressing porcine IL-2 gene in PK-15 cell[J]. Virus Res. ,2017,227:143-149

[18] Wu Y H, Ai X, Liu F Y, et al. c-Jun N-terminal kinase inhibitor favors transforming growth factor-β to antagonize hepatitis B virus Xprotein-induced cell growth promotion in hepatocellular carcinoma[J]. Mol. Med. Rep. ,2016,13(2):1345-1352.

[19] 邝继孙,孔灿灿,毛苇,等. circ0015756 通过靶向调控 miR-892b 表达影响结直肠癌 SW620 细胞增殖、迁移、侵袭[J]. 中国老年学杂志,2023,43(10):2509-2514.